"十二五"职业教育国家规划教材
经全国职业教育教材审定委员会审定

21世纪高等院校智慧健康养老服务与管理专业规划教材

老年服务伦理与礼仪

（第二版）

主　　编◎孟令君　贾丽彬

北京大学出版社
PEKING UNIVERSITY PRESS

图书在版编目(CIP)数据

老年服务伦理与礼仪 / 孟令君，贾丽彬主编. —2 版. —北京：北京大学出版社，2023.10
21 世纪高等院校智慧健康养老服务与管理专业规划教材
ISBN 978-7-301-34465-1

Ⅰ. ①老… Ⅱ. ①孟… ②贾… Ⅲ. ①老年人 – 社会服务 – 伦理学 – 高等学校 – 教材②老年人 – 社会服务 – 礼仪 – 高等学校 – 教材 Ⅳ. ①TS976.34

中国国家版本馆 CIP 数据核字（2023）第 180278 号

书　　名	老年服务伦理与礼仪（第二版） LAONIAN FUWU LUNLI YU LIYI（DI-ER BAN）
著作责任者	孟令君　贾丽彬　主编
策 划 编 辑	桂　春
责 任 编 辑	桂　春
标 准 书 号	ISBN 978-7-301-34465-1
出 版 发 行	北京大学出版社
地　　址	北京市海淀区成府路 205 号　100871
网　　址	http://www.pup.cn　　新浪微博：@北京大学出版社
电 子 邮 箱	编辑部 zyjy@pup.cn　总编室 zpup@pup.cn
电　　话	邮购部 010-62752015　发行部 010-62750672　编辑部 010-62756923
印 刷 者	河北文福旺印刷有限公司
经 销 者	新华书店
	787 毫米 × 1092 毫米　16 开本　11.75 印张　296 千字
	2015 年第 1 版
	2023 年 10 月第 2 版　2024 年 8 月第 3 次印刷（总第 14 次印刷）
定　　价	49.00 元

前　言

2013年，我国高等职业教育“老年服务与管理”专业第一套专业系列规划教材出版发行，《老年服务伦理与礼仪》作为专业基础课教材，也在此之列。10年来，这本旨在使学生通过学习厘清老年服务伦理的基本问题、掌握老年服务基本礼仪、提升老年服务与管理人才的道德素养的教材，得到了同行以及读者的关心和厚爱，这使得编写团队非常欣慰。党的二十大报告明确提出实施积极应对人口老龄化国家战略，发展养老事业和养老产业，优化孤寡老人服务，推动实现全体老年人享有基本养老服务。老年服务伦理与礼仪作为老年服务与管理的重要组成部分，在满足老年人多元化需要，提升老年人的获得感、幸福感、安全感方面发挥着重要作用。此次应北京大学出版社之邀，根据党的二十大报告对《老年服务伦理与礼仪》进行了修订，主要修订内容如下。

(1) 从老年服务与管理职业道德和礼仪养成过程的视角，进行模块化编写。上篇“老年服务伦理”分为4个模块，包括认知老年服务伦理、掌握老年服务的道德规范、提升老年服务的道德修养、践行现代孝道文化；下篇“老年服务礼仪”分为7个模块，包括老年服务礼仪概述、老年服务仪容礼仪、老年服务仪态礼仪、老年服务服饰礼仪、老年服务沟通礼仪、老年服务工作礼仪、老年人心理健康服务礼仪。这种编写方式既是课程建设在教材中的体现，也为课程建设的深化打下了良好的基础，在贯彻课程教学标准的前提下，梳理出专业人才培养中的伦理与礼仪的知识点、技能点，把课程建设的成果集中体现到了教材中。

(2) 加入了反映行业发展的新成就，更加贴近专业需要。这次修订，丰富和更新了许多案例，进一步展现了我国老年服务行业的新成果，进一步体现了老年服务与管理的职业特色。简要归结就是“三新”：一是标准和规范新，引用的制度、行业标准大部分是近年来制定和颁布的；二是案例新，注重行业新人成长轨迹对学生的引领，突出了未来“青春养老人”的榜样作用；三是理念新，引导和教育大学生在校就读期间就注重道德素养的提升，注重礼仪的养成，教育学生在老年服务的岗位上坚持不懈，实现岗位成才。

(3) 内容的表达方式更加通俗、有趣。本书更加适应高职学生的心理特征和认知规律，并没有强调理论和体系的大而全，而是与实践相结合，更加具有针对性。

本书可作为高等院校智慧健康养老服务与管理专业老年服务伦理与礼仪课程的教材，亦可作为相关专业教材、行业培训教材或相关从业人员的参考书。

本书编写团队主要由北京社会管理职业学院和重庆城市管理职业学院的教师组成。上篇编写分工：模块一和模块三编写人员为何付霞(北京社会管理职业学院)，模块二编写人员为郭一平(北京社会管理职业学院)，模块四编写人员为王宏强(北京社会管理职业学院)和夏懿(中央民族大学)；下篇编写分工：模块一编写人员为余长惠(重庆城市管理职业学院)，模块二和模块三编写人员为金昱伶(重庆城市管理职业学院)，模块四和模块六编写人员为杨洁(重庆城市管理职业学院)，模块五编写人员为贾丽彬(重庆城市管理职业学院)，模块七编写人员为刘慧玲(重庆城市管理职业学院)。

本书编写团队成员一直从事老年服务与管理的人才培养工作，对行业发展、学生的培养、课程建设等有深刻的感知和持续的研究，并取得了丰硕的成果。不积跬步，无以至千里。今后我们将继续努力，为我国智慧健康养老服务与管理事业的人才培养作出更大的贡献。

编　者
2023.8

目 录

上篇 老年服务伦理

下篇 老年服务礼仪

上　篇

老年服务伦理

模块一

认知老年服务伦理

学习目标

1. 了解伦理、道德和职业道德的基本内涵。
2. 了解伦理与道德的联系和区别。
3. 明确学习老年服务伦理的意义。
4. 掌握学习老年服务伦理的途径。

案例导入

廖月娥及其家人从1983年后的30多年内先后将5名无亲无故的残疾老人和孤寡老人接到家中赡养,用心用情照顾他们直至终老。2013年,廖月娥获得第四届全国道德模范孝老爱亲称号。2014年,在当地政府的支持下,建成了廖月娥敬老院,更多爱心人士加入了孝老爱亲的队伍中。

……

"老吾老以及人之老,幼吾幼以及人之幼","廖月娥敬老院"不是终点,而是另一个起点,廖月娥的孝心将带动更多人关注并加入敬老孝老队伍中来!

问题讨论:

1. 廖月娥的哪些做法值得我们学习?
2. 老年服务从业人员需要遵循哪些道德规范?
3. 作为未来的"青春养老人",你应该怎样学习老年服务伦理?

全国道德模范廖月娥倾情照顾老人,用不平凡的坚持和勇毅诠释着"老吾老以及人之老,幼吾幼以及人之幼"的真正含义。廖月娥孝老爱亲的行为就像一颗道德种子,一面旗帜,传递给我们无穷的力量,引领我们学习赶超。那么道德是什么?道德从何而来?道德为什么能给予我们无穷的力量?

任务一 明人伦 懂道德

(一)伦理、道德、职业道德

1. 伦理

伦理中的"伦"指的是人与人之间的关系,"理"指的是道理、规则。

伦理本义是指人伦之理,即血缘亲属之间的礼仪关系和行为规范,泛指人们处理人与人、人与社会关系时应遵循的道理和准则。现代意义上的伦理还包括人在处理人与自然关系时应当遵循的道理和准则。总的来说,伦理是一种理念,是从概念角度对道德现象的哲学思考,其作用是指导人们的思想和行为。

2. 道德

(1)道德的内涵。

道德是一种社会意识形态,是指人们在一定社会历史条件下对实践活动中形成的人际关系、利益分配、法律制度和思想行为等进行价值判断、价值追求、价值选择、价值实现的总和。道德是通过社会舆论、风俗习惯、内心信念等特有形式,调整人与人之间、人与社会之间关系的行为规范和行为准则。道德作为一种普遍的社会现象,是伴随着人类社会的发展而产生的时代产物,更是社会持续健康发展的重要前提。

(2)道德的起源。

道德是怎么产生的?它的根源何在?

小故事

猴子和香蕉的实验

把五只猴子关在一个装有香蕉和自动装置的笼子里，一旦有猴子去拿香蕉，水就会喷向笼子，猴子们就会一身湿。当第一只猴子去拿香蕉时，结果每只猴子都被喷湿了。之后每只猴子均进行了尝试，发现莫不如此。于是猴子们达成一个共识：不能拿香蕉，否则会被水喷到。之后，实验人员释放了其中一只猴子，换成新猴子A。猴子A看到香蕉，想去拿，结果被其他四只猴子打了一顿，因为它们认为猴子A会害它们被水喷到。猴子A尝试了几次，虽被打得满头包，依然没有拿到香蕉。

后来实验人员又把一只旧猴子换成新猴子B。猴子B看到香蕉，迫不及待要去拿。当然，一如往常，猴子B也被其他四只猴子打了一顿。尤其是猴子A打得特别用力。猴子B试了几次，总是被打得很惨，只好作罢。后来所有的旧猴子都换成新猴子，大家都不敢去动那香蕉。但是它们都不知道为什么，只知道去动香蕉就会被其他猴子打。

思考：你从上述的实验中悟出了什么？

这个实验生动形象地描述了猴子的各种行为和表现，猴子们在拿取香蕉的过程中逐渐形成规则，这种规则意识一旦形成就会影响猴子们对待后继者行为的反应。实验中，猴子们为维护群体利益而在个体之间发生的争斗，实际上也映射出人类社会道德起源的雏形。

在漫长的岁月中，古今中外的思想家们对道德的起源和演变问题进行了大量探索和研究，提出了各式各样的观点，如神启论、天赋论、情感欲望论、动物本能论等，但这些观点都脱离了社会关系，最终与历史唯心主义道德学说殊途同归。它们的共同特点就是把道德看作永恒不变的，超历史、超民族、超阶级的行为规范。正是这样，这些学说无法解决现实的许多问题。只有马克思主义把道德的起源置于一定的经济关系之中，才科学地解决了道德的起源问题。

(1) 社会关系的形成和人类意识的出现是道德赖以产生的前提。

道德是社会关系的产物，道德体现的是个人利益与他人利益、个人利益与整体利益的关系，而且当人们自觉意识到这种关系的时候，才会出现道德。道德离不开人们相互之间的利益关系，否则，就无所谓道德；同样，人类如果没有对自己的社会关系的自觉认识，也不可能产生道德。当人们自觉意识到自己与他人和整体的不同利益关系，以及产生了调解矛盾的迫切要求时，道德才得以产生。可以说，社会关系的形成和人类自觉意识到这种关系是道德得以产生的客观条件和主观条件，或称前提条件。

(2) 劳动是道德产生的根源。

道德得以产生的主客观条件又是怎样形成的呢？这是人类通过劳动形成的。原始人在劳动过程中，由于客观条件和人自身能力的限制，不得不结成集体共同劳动和生活，共同对付猛兽和自然灾害的严重威胁，这在客观上形成了

不以人们意志为转移的社会关系，为道德的产生准备了客观条件。与此同时，在劳动过程中，随着人们彼此交往活动的频繁与扩大，在人们的头脑中逐步产生了反映人们相互关系的意识，以及表达人们思想意识的语言，这样，随着劳动和人们彼此交往需要而产生的意识，就为道德的产生准备了主观条件。

(3) 道德的功能。

① 认识功能。道德是引导人们追求至善的良师。它教导人们认识自己对家庭、对他人、对社会、对国家应负的责任和应尽的义务，教导人们正确地认识社会道德生活的规律和原则，从而正确地选择自己的生活道路和规范自己的行为。

② 调节功能。道德是社会矛盾的调节器。人生活在社会中，总要和自己的同类发生这样那样的关系，因此，不可避免地要发生各种矛盾，这就需要通过社会舆论、风俗习惯、内心信念等特有形式，指导和调整人们的行为，使人与人之间、人与社会之间的关系臻于完善与和谐。

③ 教育功能。道德是催人奋进的引路人。它引导人们建立良好的道德意识、道德品质和道德行为，树立正确的义务、荣誉、正义和幸福等观念，使受教育者成为道德纯洁、理想高尚的人。

④ 评价功能。道德是公正的法官。道德评价是一种巨大的社会力量，是人以"善""恶"来评价社会现象、把握现实世界的一种方式。

3. 职业道德

职业道德是同人们的职业活动紧密联系的、符合职业特点要求的道德准则、道德情操与道德品质的总和。它既是在职人员在职业活动中的行为标准，同时又是职业活动对社会所负的道德责任与义务；它既是本行业人员在职业活动中的行为规范，又是行业对社会所负的道德责任和义务。

从广义上讲，职业道德是指从业人员在职业活动中应该遵循的行为准则，涵盖了从业人员与服务对象、职工与职工、职业与职业之间的关系；从狭义上讲，职业道德是指在一定职业活动中应遵循的、体现一定职业特征的、调整一定职业关系的职业行为准则和规范。

"四心"院长

思老人之所想，帮老人之所需，解老人之所困，缓老人之所急，解老人之所忧，成老人之所求，助老人之所乐，满老人之所愿。这是某养老院的工作标准。这座养老院的侯院长带着工作人员用"真心、爱心、耐心、贴心"为住在这里的老人服务，用她的宽厚仁爱支撑起这个特殊家庭，用"四心"谱写出人间爱的华丽风采。她八年如一日，用真爱呵护孤寡老人的事迹被当地传为佳话，侯院长也因此曾被评为当地"十大孝星"之一。

小人物大影响　用心谱写人间大爱

在养老院，同样是给老人洗脚，让老人洗得舒服，才算工作做到位了，

也就算工作达到标准了。这些细节性的服务都是在侯院长以身作则的带动下，工作人员经常在一起交流学习，慢慢形成的。在侯院长的影响下，李阿姨从大医院护士长的位子上退下来后，每天几经倒车来养老院无偿为老年人服务。李阿姨在养老院住了几天后，对侯院长说，我不走了，就住在这里，随时为老人们无偿服务。

"真心、爱心、耐心、贴心"既是侯院长八年如一日孝亲敬老的真实写照，更是她以"女儿"的身份为养老院老人默默无闻奉献的服务承诺。

养老院侯院长的"真心、爱心、耐心、贴心"的"四心"敬老亲老行为其实就是在践行老年服务行业的职业道德规范。

良好的职业道德行为不仅可以调节从业人员与服务对象之间的关系，维护本行业的信誉，而且有利于提高全社会的道德水平。

4. 伦理和道德的关系

伦理和道德都与行为准则有关。伦理是关于人的社会关系的应然性认识，道德是处理社会关系的准则和规范。伦理强调的是由人构成的人伦关系，这些关系是外在的、客观存在的。道德则要将伦理客观化的道理、原则内化为规范和德性，具有主观性。伦理构成了道德的基础和前提，道德则成为伦理的载体和形式。伦理更关注的是和谐，这是伦理关系的核心；道德则更强调规范，是伦理联系的外在形式。

从日常作用的角度来看，伦理更具客观、外在、社会性意味；道德更多地或更有可能用于个人，更含主观、内在、个体性意味。道德是伦理的载体和形式，伦理则构成了道德的基础和前提。从价值的角度来看，伦理的核心是正当（适当、合适、合宜等），道德的核心是善（美德、德性、好等）。从规范的角度来看，伦理具有普遍性，道德具有独特性。从评价尺度的角度来看，伦理的尺度是对与错，道德的尺度是好与坏、善与恶。

（二）老年服务伦理

1. 老年服务伦理的内涵

老年服务伦理是指老年服务从业人员在其职业活动中所必须遵循的、与老年服务活动相适应的行为准则。它是以对错良莠为评价标准，通过社会舆论、风俗习惯和内心信念来维系的、调整老年服务从业人员与老年人之间、老年服务从业人员之间以及老年服务从业人员与社会之间相互关系的行为规范的总和。

老年服务伦理是在伦理学、老年护理学、护理伦理学、护理社会学的基础上形成的。一般来说，老年服务伦理是以伦理学的基本原理为指导，运用护理学、社会学的方法，对老年服务中的道德问题进行伦理研讨，揭示老年服务的内在道义，用伦理学的原则理论和规范等来指导老年服务实践，并提出解决方案。它以提高老年人生命质量和追求完美的生命体验为道德目标，是对老年服务社会现象的伦理反思和升华。

2. 老年服务伦理的特点

老年服务伦理对调节老年服务行业中的矛盾冲突,促进老年服务行业发展,推动老年服务从业人员职业道德的养成,具有十分重要的能动作用。然而,与一般伦理相较,老年服务伦理在调节老年服务行为中,由于受老年人的生理、心理、经济、文化等诸多要素的影响,具有以下特点。

(1) 鲜明的服务性。老年服务伦理是从老年服务活动中总结和提炼出来的,旨在为优化老年服务提供应遵循的伦理原则。这些被提炼出来的老年服务伦理内容具体明确(如老年服务职业道德规范、老年服务伦理的现代转化、老年服务职业道德的培养方法等),容易为老年服务从业人员接受并付诸实践,有利于提高老年服务从业人员的职业道德素养和服务水平,从而满足老年人多层次、多方面的服务需求。

(2) 特殊的价值性。老年服务伦理有着特殊的价值性,它通过研究老年服务行为的道德价值问题,为老年服务提供价值指向,发挥其特有的激励、整合功能,因此,它是功利价值与精神价值、外在价值与内在价值的统一。它的基本精神是以人为本,互尊互爱,倡导"爱老是心,尊老是德"的社会氛围,实现"老人幸福,家庭温馨,社会和谐"的价值目标。

这种特殊的价值目标体现在:关爱(家家有老人,人人都要老,全社会要形成对老年人的关照之意、爱老之情);呵护(老年人属于特殊群体,身体、心理都发生很大的变化,应举全社会之力奉献呵护之心);孝道(弘扬中华民族的爱老敬老优秀传统伦理道德);服务(老年人人数多、疾病多,需要在医院、护理院、社区医疗中心、家庭病床给予精心服务,应在全社会形成良好的为老服务风气);互爱(家庭成员间互相尊重、老少间和睦相处、人与人之间互敬互爱等)。[①]

(3) 科学的实践性。老年服务伦理作为伦理学的一个特殊分支,具备了伦理学的学科属性,诚然,它还是一门特殊的实践科学。它立足于现实的老年服务现象,强调由知、情、意向行的转化,实现知、情、意、行的内在统一,且重在研究老年服务伦理的实践性和可操作性,建立科学的道德实践的运行机制,倡导"尊老、敬老"的良好社会氛围和现实成效。

(4) 相对的稳定性。道德作为社会意识形态的一部分,具有相对的稳定性。老年服务伦理作为老年服务从业人员道德层面上的要求,同样具有相对的稳定性。老年服务伦理一旦深入老年服务从业人员的内心,就会持续而积极地影响老年服务从业人员的言行举止,从而推动整个养老服务行业道德水平的提升,并在世代相传的历史进程中得以巩固和发展。

3. 老年服务伦理的要求

随着人口老龄化,为老年人提供供养和生活照料服务、医疗保健和康复服务、教育服务、社会参与服务、文体娱乐服务的老年服务行业正面临前所未有的挑战。这一挑战不仅体现在服务设施等硬件条件方面,也体现在养老服务质量方面,而养老服务质量的提升重在服务理念和伦理道德层面。

---

① 张多来,蒋福明,蒋娜.老年护理伦理学研究论纲[J].南华大学学报(社会科学版),2008(6):21.

应老年人的现实需求和老年服务行业的发展诉求，老年服务伦理的具体要求也不断丰富和完善，为老年服务行为提供了科学的可遵循的道德规范。其具体要求包括：尊老敬老，以人为本；服务第一，爱岗敬业；遵章守法、自律奉献等。

(1) 尊老敬老，以人为本。“尊老敬老，以人为本”就是要求老年服务从业人员做到从老年人的根本利益出发，既在物质生活上给予老年人帮助和保障，又在精神上给予老年人关心和体贴，切实保障老年人的权益，满足老年人多样化的养老服务需求，为老年人提供人性化的养老服务。

(2) 服务第一，爱岗敬业。“服务第一，爱岗敬业”就是要求老年服务从业人员做到从老年服务行业的发展特点出发，秉持全心全意为老年人服务的理念，潜心研究服务技能，练就扎实本领，在老年服务岗位上专心致志，注重在乐业、勤业、精业上下功夫，用踏实苦干、干一行爱一行的工作作风为老年人提供优质服务。

(3) 遵章守法，自律奉献。“遵章守法，自律奉献”就是要求老年服务从业人员遵循老年服务行业各种法律规章制度，知法、懂法、用法、守法，以规范的服务和标准的流程为老年人安享晚年提供安全感；用自尊、自爱、自强、自律的意识，使老年服务发光发热，为老年服务行业营造积极的正能量。

任务二　辨善恶　提素质

(一) 塑造健全的人格

人格一旦形成就会具有稳定性，但同时也具有可塑性。人格具有稳定性，个人偶然表现出来的特征并不能表征他的人格。人格还具有可塑性，人格的稳定性并不意味着人格一成不变，随着生理条件成熟和环境的变化，人格也会发生变化。

老年服务伦理作为伦理学的一个分支，其基本精神是以人为本，互尊互爱，倡导对老年人有一颗敬老之心，在全社会形成全心全意为老人服务、关爱老人的社会氛围，真正实现老有所养、老有所爱、家庭温馨和社会和谐。

人物故事

第六届全国道德模范刘贵芳：为老年人安享晚年倾情奉献

刘贵芳是河北省邯郸市广平县南阳堡镇一名乡村医生，2009 年获“全国优秀乡村医生”荣誉称号；2013 年入选全国“最美乡村医生”；2017 年被评为第六届全国道德模范。

作为一名乡村医生，她按时为村里的老人们体检，建立健康档案，把每位老人的健康挂心上。随着村里的留守老人越来越多，老人缺乏照应的问题日益突出。刘贵芳看到村里的孤寡老人以及留守老人一方面无人照顾，另一方面也存在看病难、缺乏医疗保障的情况。她就想如果能给老人们建个“家”，把他们集中起来照料该多好。2013 年年初，刘贵芳决心筹建一所医养结合的养老院，更好地服务乡邻、服务孤寡老人和留守老人。刘贵芳

和同为医生的丈夫商量后拿出家里所有的积蓄，甚至不惜把为孩子结婚准备的车变卖，把家里的房子做抵押筹钱。最后，在各级政府的帮助和全家人的努力下，一座公益性养老院终于在2014年7月建成并投入使用。

养老院依托镇卫生院医疗资源，整合了医院和老年公寓的优势，设置了综合指挥中心、老年病中心、营养配餐中心、康复理疗中心、技能培训中心、文化娱乐中心，达到养老、养生、保健、防病、治病的目的，走出一条医养结合的养老服务新模式。

……

刘贵芳把病人当亲人，把村里的孤寡老人、留守老人当父母，带给他们儿女般的贴心照料，用实际行动彰显了一名老年服务从业人员的人格魅力。这种人格力量助推了我国的医养结合养老事业的发展，真正做到了让老年人老有所养、病有所医，值得我们推崇和学习。

通过学习老年服务伦理知识，老年服务从业人员可以对自己和他人的行为做出合理的道德价值评价和判断，评价哪些行为是善的，哪些行为是恶的，哪些行为是正当的，哪些行为是耻辱的，哪些行为应该获得褒奖，哪些行为应该加以批评和谴责，从而在思想上提高对老年服务工作的理性认识，形成一定的道德观念和道德判断能力。通过践行老年服务伦理，发扬人道主义精神，全心全意为老年人服务，把老年服务从业人员个人的服务思想和工作态度提升到伦理道德层面，不仅可以提高老年服务从业人员的服务质量和专业水准，而且有利于塑造老年服务从业人员健全的人格，最终促进老年服务工作向规范化、专业化方向发展。

（二）做有道德、懂技能的人

小知识

素质冰山模型

美国社会心理学家麦克利兰于1973年提出了著名的素质冰山模型，将人员个体素质的不同表现划分为表面的“冰山以上部分”和深藏的“冰山以下部分”。

其中，“冰山以上部分”包括知识、基本技能，是外在表现，是容易了解与测量的部分，相对而言也比较容易通过培训来改变和发展。

素质冰山模型

而“冰山以下部分”包括社会角色、自我形象、特质和动机，是人内在的、难以测量的部分。它们不太容易通过外界的影响而得到改变，但却对人的行为与表现起着关键性的作用。

按照"素质冰山模型"理论，技能人才的综合素质包括显性职业素养和隐性职业素养。显性职业素养可以通过各种学历证书、职业证书来证明，而隐性职业素养代表职业意识、职业道德和职业态度等方面，虽看不见，但却是显性素养的决定因素。决定技能人才长远发展和成就的，不是传统意义上的技能，而是其职业素养。

老年服务从业人员要有德懂技，要摆正道德和技能的关系，这不仅关系其服务的老年人的晚年生活是否幸福，还关系老年服务从业人员未来的职业发展空间，更关系整个国家的老年事业是否能够顺利发展。

老年服务行业需要的是有良好职业素养的技能人才，越来越多的人也正在通过努力加入有道德、懂技能的人才行列中，护理员王贵有就是其中一员。

一个劳模带动一个班组

王贵有是青岛福山老年公寓的一名护理员。为了更好地照顾老人，王贵有积极参加老年公寓组织的各种培训与进修学习，专业化的护理培训将王贵有一步步培养成一名优秀的养老护理员。

2018年4月，王贵有被授予"青岛市劳动模范"称号，青岛福山老年公寓以他的名字成立了"贵有班组"，加快了提升服务质量的创新步伐。一枝独秀不是春，百花齐放春满园。一个劳模如何带出一个优秀的班组？王贵有不仅要求自己跑得快，还要带领整个班组一起跑。

"别以为照顾老人是简单活儿，其实这也需要专业积累，需要精益求精。"王贵有说。劳作之余，他就会静下心来学习钻研，不断提升业务技能和管理水平，每月坚持组织团队学习、研讨，探索老人护理的操作方法。"贵有班组"成立以来，经过不断实践，先后总结出贵有"三不"贴心护理、晨间护理、翻身扣背、三餐喂饭、沟通交流方面独特的工作方法。

2019年4月30日，青岛市庆祝"五一"国际劳动节大会上，王贵有荣获"山东省富民兴鲁奖章"。"我就是福山老年公寓的一名普通护理员，获得这个荣誉离不开团队支持。在我们老年公寓有很多护工做得比我好，我是代表大家来领这个奖！"王贵有手拿奖章说。

王贵有之所以能荣获"山东省富民兴鲁奖章"，一方面得益于专业化的护理技术培训，另一方面得益于他具有强烈的团队合作精神，在给老人带来专业化服务的同时，不忘带领班组一起跑，在精益求精中彰显敬老爱老情怀，是一名德技兼修的劳动模范，值得我们学习。

任务三　知途径　会方法

一、老年服务伦理的基本理论、原则、规范

（一）马斯洛需求层次理论

美国著名心理学家马斯洛把人的各种需求归纳为五个层次，即生理需求、

安全需求、情感和归属需求、尊重需求和自我实现需求。

马斯洛需求层次理论

马斯洛需求层次理论亦称“基本需求层次理论”，是行为科学的理论之一，由美国心理学家马斯洛于1943年提出的。

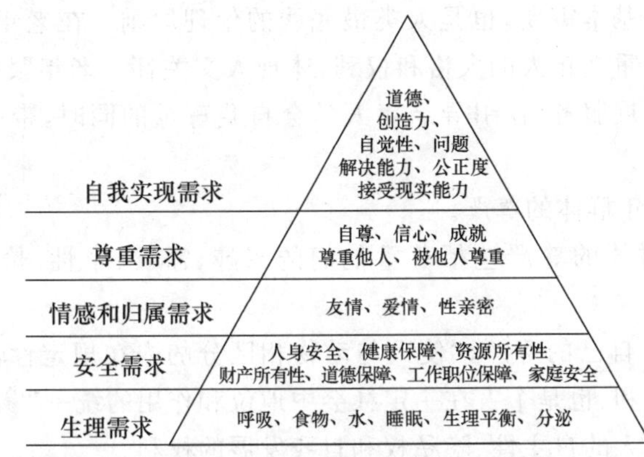

该理论将人的需求分为五种，像阶梯一样从低到高，按层次逐级递升，分别为：生理需求，安全需求，情感和归属需求，尊重需求，自我实现需求。还有另外两种需求：求知需求和审美需求。这两种需求未被列入需求层次排列中，马斯洛认为这二者应居于尊重需求与自我实现需求之间。他还讨论了需求层次理论的价值与应用等。

按马斯洛的理论，个体成长发展的内在力量是动机。而动机是由多种不同性质的需求所组成，各种需求之间，有先后顺序与高低层次之分；每一层次的需求与满足，将决定个体人格发展的境界或程度。

从老年人个体的需求来看，其需求也具有多样性。既有生理的，又有心理的；既有物质的，又有精神的。以生理需求为例，它包括对膳食、水、空气、衣物等的需求，这是老年人最基本、最优先的需求。但老年人的生理需求有其特殊之处，如在膳食方面，《中国居民膳食指南》(2022)建议。一般老年人的膳食指南如下：

- 食物品种丰富，动物性食物充足，常吃大豆制品；
- 鼓励共同进餐，保持良好食欲，享受食物美味；
- 积极户外活动，延缓肌肉衰减，保持适宜体重；
- 定期健康体检，测评营养状况，预防营养缺乏。

以情感与归属需求为例，老年人对亲情、友情、爱情、与他人交流等方面的需求也是强烈的，如：家庭的温暖，子女的孝顺，享受天伦之乐；渴望与邻里、亲朋好友接触和交流；丧偶老人希望能再有一位伴侣与之相濡以沫，共度晚年；等等。

（二）老年服务伦理原则

无论是在生活照料、基础护理还是康复护理、心理护理和临终关怀等方面，老年服务从业人员都要不忘初心，知伦理，明是非，承担起维护老年人生命尊严的社会责任，在老年服务事业中体现个人价值和社会价值。

具体来说，老年服务从业人员需要本着以下原则开展好老年服务工作。

1. 尊重原则

尊重是人的基本需要，也是人类最底线的伦理原则。在老年服务工作中，尊重主要是指尊重老年人的人格和权利，体现人文关怀。老年服务从业人员应秉持尊重原则开展服务，在引导老年人学会自我尊重的同时，带头倡导尊重老年人的良好风气。

（1）维护老年群体的尊严。

维护老年群体的尊严包括尊重他们的兴趣、需要、个性、价值、自主性和自由。

每个人都有自己的尊严，“使人与动物相区分的内在规定性，是人的尊严、价值和品质的总和，也是个人在一定社会中地位和作用的统一”[①]。尊重老年人就是要肯定老年人的自主性、隐私权和自我发展的权利。

（2）理解关怀老年群体。

老年服务从业人员需从老年人自身的生理需求和心理需求出发，去理解其境况、苦衷，尊重其人格、尊严。

2. 平等原则

平等原则是老年服务伦理的基本原则之一。平等原则就是要求老年服务伦理的主客体要相互尊重彼此之间的差异，不分年龄、性别、民族、贫富、高矮等，均做到一视同仁、平等相待。老年服务从业人员在与老年人的交往中应尊重维护老年人的人格与尊严。

3. 主体性原则

主体性原则是指人在实践活动中站在主体的立场上，用主体的眼光去审视作为客体的对象，并思考在与客体的关系中“应如何”的理性原则。

老年服务从业人员要从尊老敬老的角度出发，引导老年人通过“自为”与“自律”实践主体性原则。自为是指引导老年人挖掘自我潜力，展示自我才华，释放自我价值，充分发挥主动性、选择性和创造性，真正做到老有所为；自律是指引导老年人通过自我约束、自我控制、自我调节，明白何以为老以及如何才能得到他人的尊重，并引导年轻人懂得何为尊老以及应该怎样尊重老人等。

（三）老年服务规范

无论是老年服务从业人员，还是老年服务机构，在开展为老服务过程中均需遵守相应的老年服务规范。根据对老年人需求的分析，我们不仅要提供解决

---

① 罗国杰. 伦理学[M]. 北京：人民出版社，1989.

供养、医疗等方面的经济保障，更需要提供科学规范的日常生活照料和帮助。老年服务从业人员和老年服务机构应熟练掌握老年服务的科学服务规范，学习老年服务的相关技能，以满足老年人的多方面需求。

以养老机构服务规范为例，《养老机构服务质量基本规范》(GB/T 35796—2017)对其做出了相应规定，部分摘录如下。

> 5.8　心理/精神支持服务
>
> 5.8.1　服务内容
>
> 心理/精神支持服务内容包括但不限于：环境适应、情绪疏导、心理支持、危机干预。
>
> 5.8.2　服务要求
>
> 5.8.2.1　应帮助入住养老机构的老年人熟悉机构环境，融入集体生活。
>
> 5.8.2.2　应了解掌握老年人心理和精神状况、发现异常及时与老年人沟通了解，并告知相关第三方。必要时请医护人员、社会工作者等专业人员协助处理或转至医疗机构。
>
> 5.8.2.3　应定期组织协调志愿者为老年人提供服务，促进老年人与外界社会接触交往；倡导老年人参与力所能及的志愿活动。
>
> 5.8.2.4　应督促相关第三方定期探访老年人，与老年人保持联系。

根据《养老机构服务质量基本规范》(GB/T 35796—2017)的相关要求可以看出，养老机构开展为老服务不仅需要提供物质保障，而且需要提供科学有效的心理和精神支持服务等。这就为养老机构科学有效地开展为老服务提供了政策依据和工作遵循。

以老年社会工作服务为例，推荐性行业标准《老年社会工作服务指南》(MZ/T 064—2016)规定了老年社会工作的服务宗旨、服务内容、服务方法、服务流程等，对总结推广各地老年社会工作实务经验，科学规范、正确引导老年社会工作服务行为，充分发挥老年社会工作者在养老服务业中的专业作用，切实保障老年社会工作服务质量，也起到了重要促进作用。该标准部分摘录如下。

> 4．服务宗旨
>
> 4.1　老年社会工作服务应致力于实现老有所养、老有所医、老有所为、老有所学、老有所乐。
>
> 4.2　老年社会工作服务应遵循独立、参与、照顾、自我实现、尊严的原则，促进老年人角色转换和社会适应，增强其社会支持网络，提升其晚年的生活和生命质量。
>
> 5．服务内容
>
> 老年社会工作服务的内容主要包括救助服务、照顾安排、适老化环境改造、家庭辅导、精神慰藉、危机干预、社会支持网络建设、社区参与、老年教育、咨询服务、权益保障、政策倡导、老年临终关怀等。
>
> ……

5.5 精神慰藉

主要包括以下内容：

——识别老年人的认知和情绪问题，必要时协调专业人士进行认知和情绪问题的评估或诊断；

——为有需要的老年人提供心理辅导、情绪疏解、认知调节，帮助老年人摆脱抑郁、焦虑、孤独感等心理问题困扰；

——协助老年人获得家属及亲友的尊重、关怀和理解；

——帮助老年人适应角色转变，重新界定老年生活价值，认识人生意义，激发生活的信心和希望。

二、在学习中汲取营养

老年服务从业人员如果业务水平一般或低下，仅凭热情和爱心，是完不成为老年人服务的任务的。老年服务从业人员须在学习生活或职业活动中勤奋好学、刻苦钻研、认真总结经验，提高专业水平，对业务知识、技能的掌握不仅要知其然，而且要知其所以然。

老年群体需求的多样性和特殊性决定了老年服务从业人员需要学习和钻研的内容宽泛，既包括日常生活照料、医疗照护、心理疏导，还包括老年产品的开发和推广等。具体的服务岗位，既有医学、护理、康复，又有心理慰藉、社会工作，还有市场营销，等等。因此，要做好老年服务工作，在知识储备上要涵盖社会学、心理学、管理学、法学、医学等相关内容。这些知识是做好服务工作的前提，也是做好服务工作的基础。在能力要求上，老年服务从业人员需要掌握和提高实践操作的技能、社会交往的能力、组织能力和创新能力等。

在学历教育层面，老年服务专业人才教育培养结构正在逐步完善，专业设置越来越科学化，为有志从事老年服务的从业者快速掌握老年服务必备的基础知识和专业知识、精通老年服务技能打下良好基础。在继续教育层面，老年服务从业人员可以依托为老服务专业人才培训平台，通过定期轮训和岗位练兵，学习老年服务的新政策、新业务、新方法，熟悉行业经验，开阔自己的视野，提高自己的服务水平。

不管何种形式的学习，都是一个坚持不懈的过程。老年服务从业人员要树立“活到老、学到老”的终身学习理念，与时俱进，不断更新自我的知识体系，满足老年服务行业快速发展的需要，适应时代变迁。

三、向道德模范人物学习

道德模范是时代精神的体现，是推进道德建设的一面镜子。他们既展现了中华民族的优秀传统美德，又践行了社会主义核心价值观。我们应该从道德模范人物这一“精神富矿”中源源不断地汲取精神动力，激励自我崇德向善、明德惟馨。

道德模范人物的价值引领作用包括以下几点。

1. 道德模范人物自身具有高尚的人格魅力

道德模范人物之所以受人尊敬,在于他们通过自身的模范行为展现了高尚的人格魅力,体现了道德准则的要求。这种高尚的人格魅力不是与生俱来的,而是需要在日常生活中不断地培养,克服消极思想,树立正确观念,建立良好心态。

2. 道德模范人物的行为蕴含着高贵的道德情操

道德模范人物的行为是道德认识与道德实践的高度统一,蕴含着高贵的道德情操。其主要表现在:一是道德模范人物的行为包含着仁爱济众的伟大情操;二是道德模范人物的行为包含着重义轻利的价值取向;三是道德模范人物的行为包含着对社会感恩的赤诚之心。道德模范人物的行为传递了中华优良传统文化精神,体现了高贵的道德情操。

3. 道德模范人物的事迹具有极好的表率作用

当一种行为具有高度的感染性时,它便能起到高度的表率作用,进而影响周围人实施类似的行为。道德模范人物的事迹具有高度的感染性和极好的表率作用,这是道德模范人物极其重要的特点。

道德是一种力量,它春风化雨、润物无声;榜样是一面旗帜,它催人奋进、引领方向。时代进步需要健康向上的道德风尚来引领,社会发展需要道德模范的榜样力量来推动。近年来,老年服务领域呈现出层出不穷的榜样模范和先进人物,他们用行动诠释着向上向善的时代品格,他们用爱心善举,潜移默化地推动全社会形成崇德向善、见贤思齐、德行天下的浓厚氛围。老年服务从业人员要挖掘道德模范的精神力量,对标道德模范人物,提高自己的道德水准,从他们的先进事迹中汲取道德营养,把道德模范人物的榜样力量转化为生动实践,使道德精神相互传递,道德信念相互感召,使见贤思齐的"灯塔效应"无限放大,进而形成群体效应和矩阵能量,为更好地构筑尊老、敬老、孝老的社会氛围提供源源不断的精神动力和道德滋养。

超越血缘、孝行天下的第六届全国道德模范周长芝,就是我们身边鲜活的榜样。

周长芝为完成母亲托付,在母亲去世后,接下并悉心照料母亲收留的多位孤寡老人,继而辞掉令人羡慕的中学校长职务,倾其所有开办了三家民办敬老院,先后接待收住各类老人千余人次,为十几位抗战老兵、二十几位孤寡老人提供免费入住,为一百多位三无老人、困难老人和残疾人累计减免费用一百多万元……周长芝被老人们称为"贴心女儿",不是亲人胜似亲人!她用大爱书写出超越血缘、孝行天下的华章。

……

周长芝超越血缘、胜过亲情的孝老爱亲之举获得了社会各界的高度评价,她先后获得"第六届全国道德模范""全国助残先进个人""全国敬老之星"等荣誉称号,其开办的敬老院先后荣获"敬老文明号""诚信养老机构"

“全国模范养老机构”等荣誉。周长芝还应邀到大中小学校、部队、社区、监狱等多家单位作报告，以自身孝老爱亲的经历，传承敬老美德，弘扬传统文明。

道德模范人物的力量是无穷的。周长芝孝老爱亲、热心公益事业的孝举感召着社会各界人士积极自觉地投入公益事业，为社会营造了良好的孝老爱亲氛围。像周长芝一样的敬老爱老道德模范人物，他们没有豪言壮语，却有着博大的情怀，谱写着道德之歌，他们带给我们的不仅仅是感动，更是一种力量。

模块二

掌握老年服务的道德规范

学习目标

1. 理解老年服务道德规范的重要意义。
2. 掌握老年服务道德规范的内涵和实践要求。
3. 能够运用老年服务道德规范分析、辨析实际工作中的问题，并提出有效的解决措施。

- 任务一　尊老敬老　以人为本
- 任务二　服务第一　爱岗敬业
- 任务三　遵章守法　自律奉献

案例导入

一护工殴打老人　官方介入调查

曾有媒体报道"某养老院一护工经常半夜殴打寄宿老人……"事件披露后,护工的残暴行径引起了人们的极大愤慨。

事后,针对该养老院护工殴打老人事件,警方根据初步调查的结果和有关事实情况,对其法人和参与殴打老人的护工实施治安拘留,对该养老院依法予以取缔,冻结其账户以待处理。

问题讨论:

1. 为什么养老机构会发生这样的事件?
2. 你认为老年服务从业人员应该遵守哪些道德规范?

职业道德规范是职业道德的重要组成部分,在职业道德中占有极其重要的地位。认真学习和践行职业道德规范,有利于树立良好的职业道德,有利于帮助从业人员获得成功。职业道德规范是人们职业道德关系和职业道德行为普遍规律的反映,是从社会整体利益出发形成和概括的人们在职业活动中应当普遍遵守的行为善恶准则。老年服务道德规范是培养老年服务从业人员道德意识和道德行为的具体标准,主要从"尊老敬老,以人为本""服务第一,爱岗敬业""遵章守法,自律奉献"等几方面来规范和约束老年服务从业人员的实践行为。

任务一　尊老敬老　以人为本

一、"尊老敬老,以人为本"的重要意义

(一) 有利于尊重老年人的人格尊严

人格尊严是人的尊严的集中体现,需要以礼敬的态度予以尊重。我们有权利维护自身的人格尊严,也有义务尊重他人的人格尊严。尊老敬老充分地诠释了对老年人人格尊严的尊重。

老年人作为人群中的长者,参与社会实践、抚养和培育后代,不仅对社会的物质文明和精神文明的发展做出过应有的贡献,而且对知识的传播、经验的传承、社会的建设与和谐都起着重要的作用。老年人作为社会进步的推动者,理当受到全社会的尊重。当老年人退出社会参与时,他们能够支配的资源也必然随之衰减。此时,老年人的生存与活动更多地依赖子女、社会和国家,他们的尊严也需要依靠民族的优良传统、社会舆论以及国家法律来进行维护。由于身体的衰老以及在社会变迁中利益关系和分配关系的重新调整等原因,老年人满足

自身需求的能力受到限制，他们的利益和需求也比较容易被忽视。老年服务从业人员需要遵从“尊老敬老，以人为本”的职业道德，关注老年人的利益和需求，让被服务的老年人有尊严地生活。

（二）有利于弘扬中华优秀传统文化

尊老敬老是中华的优秀道德传统。传承尊老敬老的优良传统，让每一位老年服务从业人员在工作中以实际行动体现尊老敬老文化，让老年人能最大限度地实现老有所养、老有所乐，这是践行社会主义核心价值观、弘扬我国优秀传统文化的重要体现。老年服务从业人员不仅直接承担着照顾老年人的工作，而且担负着国家、社会和老年人家庭对老年人的关怀，所以在服务老年人的实际行动中真正体现“尊老敬老，以人为本”的服务理念，使老年人感受到全社会的尊敬与关怀，有利于把本职工作做得更为出色，更有利于弘扬中华优秀传统文化。

（三）有利于创造和谐的养老服务环境

老龄化社会对国家、社会、家庭提出了新的挑战。如何使得老年人“老有所为，老有所养，老有所学，老有所乐，老有所医，老有所终”，这是我们全社会、每个人、每个家庭都要面临和解决的重要问题。国家为保障老年人的权利，制定了一系列法律法规和政策。在一些地区，为使老年人在养老机构中能真正地享受优质的服务，不仅把“尊老敬老，以人为本”落实到每项工作中，还制定了相应的服务标准，这些都体现了对老年人工作的重视。“尊老敬老，以人为本”，是人性化的关怀与服务，有利于提升老年人的幸福感，有利于在全社会营造良好的养老服务环境。

二、“尊老敬老，以人为本”的内涵

（一）“尊老敬老”的内涵

“尊老敬老”是指人们对自己的长辈和社会中的老年人在实行赡养、扶助的基础上所形成的尊重老年人人格尊严、敬重其精神价值和伦理智慧的态度和行为现象。尊老敬老体现出人之所以为人的基本伦理风范和伦理价值要求，既蕴含了敬畏和尊重老年人的深厚情感，又涵盖了尊重其合法权益和内在价值的伦理要素，同时还有对其行为自由、价值需要和人格尊严等的充分关怀和尊重。

一个尊老敬老的人是高尚的人，一个尊老敬老的家庭是温暖的家庭，一个尊老敬老的社会是文明向上的社会。人的一生总要经历少年、青年、壮年和老年时期。家家有老人，人人都会老，尊老敬老实际上就是尊敬我们自己。老年人的今天就是年轻人的明天。关心照顾好老年人的生活，不仅是公民道德规范的要求和应尽的责任，也是先辈们传承下来的宝贵精神财富。

重阳节是我国法定的老年节，借以倡导尊老、敬老的社会风气，通过多种手段的宣传教育来强化道德文明建设。这一规定正是对尊老敬老这一中华民族优秀传统传承的最直接体现。当今社会，我们更应该大力弘扬这一优秀传统，在全社会倡导充分敬重老年人，热情关心和照顾老年人，让他们幸福地度过晚年。

老年服务从业人员在服务的过程中更要传承中华民族的传统美德，将尊老、敬老作为做好老年服务工作的前提和重要基础。

(二)“以人为本”的内涵

“以人为本”是指以人为本的发展，而不是以物或经济创收为本的发展，充分发挥人的能动性，重视人的全面发展，把人当作主体，为人的发展创造条件。在养老服务体系中“以人为本”是指以老年人的实际养老服务需求为本。

政府在为老年人提供养老服务时，既要为老年人提供必要的物质帮助，同时更要注重对老年人的精神关怀，制定相关政策、法律法规要从对老年人的精神关怀出发。从个体层面来讲，老年服务从业人员在自己的本职工作中，也要了解老年人的需求，为其提供优质的服务。

老年服务从业人员在服务过程中要关心老年人多样化养老服务需求，以老年人的根本利益为出发点，满足老年人的合理需要，切实保障老年人的权益，为老年人提供人性化的养老服务。

三、“尊老敬老，以人为本”的实践要求

(一) 物质生活上给予老年人赡养和照护

物质生活上的赡养和照护主要包括衣食、住宿、家居生活、医疗照护等方面，特别是当父母、长辈有病时，子女、晚辈要悉心照料，不能嫌弃、虐待老年人，要依照法律的义务和道德责任，保护老年人的合法权益。从字面上理解，物质生活的赡养和照护没有太多的技术含量，但是，在实际生活中，较好品质的物质生活及照护是一件非常有挑战性的工作。因为老年人的生活需求多样，要求的程度不同，心态不同，所以，要做好此项工作，也需要一定的深度认知和专业技能。

以北京市地方标准《养老机构服务质量规范》(DB11/T 148—2017)为例，其对养老机构服务进行了多项规定，包括咨询服务、膳食服务、送餐服务、生活照料服务、老年护理服务、协助医疗护理服务、医疗服务、陪同就医服务、康复服务、心理/精神支持服务、居家服务、安全保护服务、安宁服务、休闲娱乐服务、教育服务等。物质生活上的照料属于老年服务的基础，是养老服务体系中重要的组成部分，也是关系老年人生活品质和尊严的核心内容。

老年服务从业人员要拥有专业的养老知识和技能，同时在岗位上承担着照顾老年人、为老年人服务的一线工作，任务光荣而艰巨。老年服务从业人员的

工作不仅仅是对老年人的照顾和帮助，更担负着老年人家庭、社会、国家的重托。所以，老年服务从业人员在工作中要处处为老年人着想，在实际行动中体现以老年人为本的理念，将专业知识技能融入为老服务。从老年人的根本利益出发，满足老年人的合理需要，在物质生活的方方面面给予老年人关怀照顾，切实保障老年人的合法权益。

（二）精神生活上给予老年人关心和体贴

随着物质生活水平的提高，老年人公共文化需求越来越丰富，参与文化活动的热情越来越高涨。精神文化生活的品质是影响老年人生活质量的关键因素之一，它与物质生活品质一起，成为衡量老年人晚年幸福的两大主要指标。精神文化生活的匮乏是侵害老年人身体健康的主要原因之一。相关调查研究显示，由于老年人不再参与社会劳动，活动量减少，过多的闲暇时间容易带来精神寂寞，加之身体机能下降及缺乏关爱和照顾，由此引发的失能、半失能老人也在不断增加。

尽管各级政府已经开始注重扩大老龄公共文化服务功能覆盖面，但是，相对于总体需求，我国城市老年人公共文化设施体系建设还亟待完善，农村老年人精神文化生活质量同样需要提升。很多养老机构已经意识到这个问题，积极探索对老年人精神方面的关爱，着力提升老年人精神文化生活质量。

要解决这一问题，需要在全社会营造良好的尊老敬老氛围，另外还要提升老年服务从业人员的专业技能和素质。第一，从社会角度，要营造尊老敬老氛围，营造全社会热心为老人办好事、办实事，弘扬尊老敬老的社会风尚。在精神文化生活上给老人以关心、体贴，使他们得到心理慰藉，充分享受晚年生活。第二，老年服务从业人员要用专业的知识和技术提升老年人精神文化需求满足状况。开展形式多样的活动，如定期开展老年文艺汇演、组织志愿者开展志愿服务、开展老年健身活动等。第三，给予老年人个性化心理辅导，将专业方法运用到老年人精神关爱的实践中，针对老年人的心理问题，定期开展互动与交流。

在现实生活中，我们就有一批既懂专业知识，又有职业能力，结构合理，质量较好的养老服务人才队伍，他们接受国家高等教育，进行老年服务专业领域的学习，他们年轻，他们坚定地用青春守护夕阳。青春养老人小鑫就是千万个优秀老年服务从业人员的代表。

小鑫刚到青岛市某护老院时，主要在失智专区接触并学习患失智症老人的照护技巧。第二个月小鑫便开始独立顶岗，负责照顾自理、半自理、失能老人的日常生活起居。面对不同护理级别的老人，在提供基本服务内容的同时，小鑫注重加强老年人的心理护理，以保证他们的生活质量。同时，小鑫作为科班出身的专业人员，主动承担起护老院中那些缺乏专业知识的护理员的带教任务，将在学校学习的各项技能传授给护理员，用自己的实际行动去影响护理员，得到了护老院老人和同事的一致赞扬。经过几年的

实践，小鑫通过扎实的专业知识和护理技巧荣升院长助理及生活照料部主任。她结合一线工作的实践经验与老年人的实际情况，制定出很多更合理、高效的工作流程，提升了整个机构的服务效率与水平。

花季的青春养老人，有时很苦，有时很累，但是每每提起自己的职业，小鑫都感到无限的荣耀，老年服务从业人员流动性很大，职业稳定度不高，小鑫却已经在护老院工作五年有余，三年的专业学习加五年的养老护理工作实践，她决心用青春陪伴老年人，坚定地要将老年服务护理工作作为一辈子追求的事业。

任务二　服务第一　爱岗敬业

一、“服务第一，爱岗敬业”的重要意义

（一）“服务第一，爱岗敬业”是做好老年服务工作的基础

“服务第一，爱岗敬业”是职业道德的基础与核心，是社会主义职业道德所倡导的首要规范。在市场竞争日益激烈的今天，服务与质量已成为养老机构管理的核心，更是每一位老年服务从业人员严于律己的准绳。

服务第一就是在工作中以服务对象的需求为出发点，这是做好老年服务工作的前提。爱岗就是热爱本职工作，安心工作岗位；敬业就是敬重自己从事的职业，专心致力于自己从事的职业，以认真负责的态度对待自己的职业。爱岗是合格劳动者的基本条件，而敬业是爱岗情感的升华和体现。一个人只有热爱所从事的职业，具有敬业精神，才能主动学习本职工作需要的知识、技能，才能下功夫去培养锻炼从事本职工作的本领。爱岗敬业也是乐业的动力来源。每个人对自己的职业都有着不同的心理体验，如果一个人仅把自己的职业看作是“干活挣钱”就会害怕失去它，因此，他对自己的工作虽然尽职尽责，但心理上没有快乐，就会缺少激情和创造力。而乐业者能自立自强、无怨无悔，由爱岗敬业到乐业，是一个人将自己的工作从视为职业到视为事业的飞跃，这样，就不会把工作看成苦差事，甚至在条件艰苦时也能以苦为乐。在工作中就会保持良好的工作态度，不畏困难和复杂，勇于进取，甘于奉献。

老年服务从业人员要想做好工作，有所成就，就必须具备服务意识和爱岗敬业、无私奉献的精神，全身心投入从事的工作中去，在平凡的岗位上做出不平凡的业绩。

（二）“服务第一，爱岗敬业”促进老年服务行业健康发展

“服务第一，爱岗敬业”有利于形成良好的服务风气，有利于促进各行业的健康发展。老年服务从业人员的高素质是老年服务行业健康发展的基础，如果每位老年服务从业人员都能坚守“服务第一，爱岗敬业”，并将它转变成自己的信念、义

务和荣誉感，老年服务从业人员和老年人之间就会互相理解、互相配合、互相尊重，形成良好的社会风气，从而促进老年服务行业健康发展。

（三）“服务第一，爱岗敬业”推动社会发展进步

爱岗敬业是社会存在和发展的需要。衡量一个人价值的大小，主要是看他对人类、对国家、对社会做出贡献的多少。秉承“服务第一，爱岗敬业”，才能推动社会不断发展进步。

一切行业、一切职业，都是在为他人提供产品和服务。因此人人都在接受他人的服务，同时人人都是服务者。服务意识和爱岗敬业精神对老年服务从业人员尤为重要。

二、“服务第一，爱岗敬业”的内涵

（一）“服务第一”的内涵

对于“服务”人们可以从不同的角度去理解。这里我们从社会学角度、经济学角度和个人角度来探究服务的概念。

从社会学角度“服务”可以解释为：从事某一行业（或职业），满足别人或者集体的利益需求。从经济学角度“服务”可以解释为：个人或社会组织为消费者直接或凭借某种工具、设备、设施和媒体等所做的工作或进行的一种经济活动，是向消费者个人或企业提供的，旨在满足对方某种特定需求的一种活动。因此，我们生活的社会是一个相互沟通、相互依赖、相互支持的服务系统。服务不再是传统意义上的“服侍、侍奉”，而是成为现代社会人际沟通和发展的基础。从个人角度“服务”可以解释为：从事某一行业即任职某一行业。

当下，我们可以这样理解“服务”的含义，即要求个人为他人做事，并使他人从中受益的一种有偿或无偿的活动，不以实物形式而以提供劳动的形式满足他人某种特殊需要。

“服务第一”就是要以他人的需求为出发点，把他人工作放在第一位。人们常说“质量至上，服务第一”“宾至如归，服务第一”“诚信经营，服务至上”等，“服务第一”已经成为所有行业和企业共同遵守的市场宗旨。服务机构及从业人员应以严谨的工作态度、高涨的工作情绪和周到的服务态度，在服务他人过程中创造良好的工作业绩和树立专业的工作形象。

服务是一种理念。很多人认为良好的职业操守和过硬的专业素质是做好老年服务工作、取得老年人信任的基础；细心、耐心、热心是其关键。但真正做到“以老年人为中心”，仅有上述条件还不够，老年服务贵在“深入人心”，既要将服务的理念牢固树立在自己的内心深处，又要深入到老年人的内心世界中，真正用心服务，获得老年人的理解和信任。

服务是一种文化。服务文化包括爱岗敬业的服务精神，以服务为本的道德观、价值观，无私奉献、团结互助和艰苦奋斗的务实精神，以及因此而产生的“一

条船”思想和自豪感等，这种有行业特色的服务文化，可以促使老年服务从业人员产生风险意识和效益意识，从而充分发挥服务文化的激励作用。

老年服务从业人员要把“服务第一”作为工作的出发点，坚持将为老年人提供高效优质的服务作为工作的第一要点，以满足老年人的实际需要为工作核心，全心全意为老年人服务。

（二）“爱岗敬业”的内涵

爱岗和敬业，互为前提，相互支持，相辅相成。爱岗敬业精神是对公民职业行为准则的价值评价，它要求公民忠于职守，克己奉公，服务人民，服务社会，充分体现了社会主义职业精神。

爱岗就是热爱自己的工作岗位，热爱本职工作。敬业就是要用一种恭敬严肃的态度对待自己的工作。爱岗敬业作为最基本的职业道德规范，是对人们工作态度的普遍要求。爱岗敬业是职业道德的核心，是职业成功的基础，是每一位职业人是否有职业道德的首要判断标准。只有爱岗敬业，才能做好本职工作。一个人无论在任何时刻，只要兢兢业业地完成岗位工作，作出自己应有的贡献，都会得到社会的认可和尊重。

爱岗敬业是一种态度。任何人都有追求荣誉、最大限度地实现人生价值的天性。要想将意愿变成现实，就要在自己的平凡岗位上爱岗敬业，脚踏实地、埋头苦干，从身边做起，从平凡小事做起，绳锯木断，水滴石穿。要克服心浮气躁、急功近利、好高骛远等不良倾向，兢兢业业、扎扎实实地做好每一项工作。

爱岗敬业也是一种责任。要正确处理个人与组织、工作与家庭、失与得、苦与乐的关系，守得住清贫、耐得住寂寞、挡得住诱惑、经得起考验、稳得住心神、负得起责任、担得起使命，在埋头苦干中实现人生价值，在无私奉献中展示自身风采。

爱岗敬业更是一种境界。当我们将爱岗敬业当作人生追求的一种境界时，我们就会在工作上少一些计较，多一些奉献；少一些抱怨，多一些责任；少一些懒惰，多一些上进；要以宠辱不惊的心态看待升迁得失，修炼从容淡定的心境、豁达开朗的胸怀。

爱岗敬业就是要认真对待自己的岗位，对自己的岗位职责负责，无论在任何时候，都尊重自己的岗位职责。在老年服务行业中，爱岗敬业作为最基本的职业要求，看似平凡，实则伟大。个人能否做好一件事，有三个要素在起作用：一是肯不肯做，二是会不会做，三是做到什么程度。爱岗敬业要求老年服务从业人员对工作保持“要做、会做、做到最好”的态度。这实际上体现了老年服务从业人员的职业态度是否认真，职业技能是否过硬，职业责任感是否强烈！

三、“服务第一，爱岗敬业”的实践要求

（一）“服务第一”的实践要求

在激烈的市场竞争中，服务质量已经成为每个老年服务机构管理的核心。

对于老年服务机构而言，服务质量既是生存的基石，是根本；也是发展的催化剂，是推动力。对于老年服务从业人员而言，个人的发展和价值的实现都离不开优质的服务。及时、准确、安全、有效的服务是对老年服务工作质量的基本要求。老年服务从业人员要树立为老服务的意识，具备为老服务的能力，有为老服务的责任感。

1. 树立为老服务的意识

“三百六十行，行行出状元”，老年服务行业与其他行业并无本质区别。一个社会需要科学家的同时也需要服务人员，每一份工作的重要性都是一样的。老年服务从业人员应重视本职工作，树立为老服务的意识。

2. 具备为老服务的能力

当我们明确老年服务从业人员工作的重要性之后，应认识到，要做好老年服务工作，就需要专业的知识和专业的技能。首先，要深入学习老年服务的基本常识和基本理论，以科学的态度、坚忍的品质和努力的心态，通过夯实老年服务专业知识提高老年服务专业技能；其次，要努力学习其他专业文化知识，如历史、文学、心理学、教育学、管理学等相关知识和技能，以便提高认知能力，周到地为老年人服务；再次，多参与各项养老服务活动，在实践中发现不足，努力提高并完善服务能力。

3. 要有为老服务的责任感

老年服务从业人员承担服务老年人、解决家庭和社会后顾之忧的面对面工作，其艰巨性和重要性决定老年服务需要用心坚持。老年服务从业人员要有为老服务的责任感，工作中不脱离实际，与老年人交朋友，了解他们的需求，坚持为他们服务，以老年人的根本利益为出发点，满足老年人的物质需求和精神需求，切实让老年人感受到来自社会、家庭和国家的关爱和温暖，以为老服务为己任，在老年服务中践行社会主义核心价值观，争做时代优秀养老人。

服务质量的优劣已经成为当前老年服务行业一项最重要的衡量标准和管理核心。养老机构的服务是否到位、是否真正满足老年人的需要，事关养老机构的发展和老年服务从业人员个人的职业发展。

（二）“爱岗敬业”的实践要求

爱岗，是指热爱自己的工作岗位，尽心尽力做好本职工作；敬业，是指对本职工作认真和积极进取的态度，是一个人的事业心和责任感。对于老年服务从业人员来说，敬业就是认真承担起自己应尽的责任，促进老年服务行业和谐运转、持续发展。

作为一名老年服务从业人员，要想在工作中做到爱岗敬业，需要从乐业、勤业、精业几个方面着手。

1. 乐业

乐业就是热爱本职工作，把干好本职工作当作一件快乐的事。要做到这点，首先要认识自己所从事的职业在社会生活中的作用和意义，认识自己的岗位在整个行业中的作用和意义。社会主义建设的每一项工作都需要有人

去做，缺了哪一个行业、哪一个岗位都不行。在现阶段，就业不仅意味着以此获得生活来源和一个谋生的手段，还意味着有了一个社会承认的正式身份，能够履行社会职能。在社会主义制度下，要求从事各行各业的人员都要热爱自己的本职工作。作为一名职业养老人，脚踏实地完成本职工作是基本要求。从社会角度和家庭角度来说，老年服务工作的对象是鲜活的生命，这项职业是解决老年人后顾之忧、增加老年人生活的幸福感和满足感的神圣职业。这就需要我们真诚地对待自己的工作，珍惜自己的工作岗位和环境，正确地认识自己，正确地面对工作，找准自己的位置，以老年人为出发点，切实做好老年服务工作。

2. 勤业

勤业就是要求每一位老年服务从业人员兢兢业业，忠于职守，树立职场“钉子精神”。老龄化社会为老年服务从业人员提供了一个广阔的发展空间和展示自己的舞台。老年服务从业人员要像钉子一样，扎根老年服务工作中，干一行、爱一行，干一行、钻一行，凭借良好的技术技能，先成为本机构老年服务从业人员中的标兵，继而成为老年服务行业中的佼佼者，在完成老年服务这一事业的同时，最大限度地实现自己的人生理想。

3. 精业

精业是老年服务从业人员在工作中应做到业务娴熟，精益求精，不断开拓创新。精业是爱岗敬业的最高层次。要做到精业，就必须热爱学习。不仅在校期间认真学习专业知识和技能，而且在走上工作岗位后，还必须不断学习岗位新技术、新知识和新工艺。

任务三 遵章守法 自律奉献

一、“遵章守法，自律奉献”的重要意义

(一) 是老年服务道德培育的重要保障

遵章守法是老年服务道德培育的重要保障。法律是他律，也是自律，它要求人们自觉遵守法律规范，自觉服从法律要求。放到老年服务工作中来看，它要求老年服务从业人员能够在法律的基础上认识自己的职业要求和责任，自觉尊重和保护老年人的根本利益，从而提高整个老年服务行业从业人员的思想觉悟。如果没有法律的保障和实施，老年服务从业人员服务意识和道德的培育将会成为空谈。老年服务是一个新兴的行业，目前我国老年服务从业人员的服务水平参差不齐，服务满意度低。在养老服务机构中，有些老年服务从业人员用过激甚至违法的言行对待老年人，或者在服务中完全无视老年人精神层面的需求，且由于相关机构管理不善，老年人子女不在身边无从知晓，给老年人带来莫大的痛苦。虽然个别养老机构定期开展老年服务从业人员再教育活动，但仍无法杜绝这些现象。通过法律的规范就可以保证老

年服务从业人员持证上岗，通过强有力的手段使老年服务从业人员遵守相关规定，保证老年服务道德培育得到有效实施和顺利开展。

（二）是维持社会秩序和推动可持续发展的重要因素

维持社会秩序和推动可持续发展离不开法律和道德两个约束条件。法制再严、法典再全也会有缺陷，要想社会处于稳定协调富于活力的状态，离不开道德的宣化与规范。法律只是对人们的行为起到约束和限制作用，而道德才是起主导作用的。道德常常直面每个人的内心，诉诸人的良知，更直接内化为人们的思想，从而为社会秩序的维系提供动力。法律和道德这两个约束条件在老年服务行业中的体现即遵章守法和自律奉献。老年服务从业人员发自内心地“遵章守法，自律奉献”，是其对社会规则的认同，是对他人的尊重，是对本职工作的敬畏，可以让人与人的交往更加和谐，使社会发展更加有序。

（三）是老年服务事业成功的必备条件

每个人都希望自己成为优秀的人才，而优秀人才首先要在工作生活中遵章守法，并在工作中培养自律奉献的职业态度。因为自律奉献的职业态度可以激发人的求知欲望，从而以社会的需求来确定自己的职业目标，把为老年人服务、造福社会作为自己的人生志愿，能激励老年服务从业人员自觉按照社会发展的需要确立自己的职业道路，有利于个人职业目标的实现。

人生活动是多方面的，职业活动是重要内容之一。一个人对社会的贡献主要是通过本职工作来实现的。“遵章守法，自律奉献”是职业道德的基础和核心，也是一种崇高的道德情操，是个人事业成功的必备条件。

自律奉献精神对事业成功的促进作用，可以通过以下几个方面来体现：第一，自律奉献可以提升事业心；第二，自律奉献可以提升工作水平；第三，自律奉献可以提升个人的思想境界。一个自律奉献的人为圆满完成工作，能摒弃狭隘的功利私念，能着眼长远发展，避免急功近利的偏颇之见；为了事业的成功，一个自律奉献的人甘愿冒风险而勇挑重担，奋斗不止。

二、“遵章守法，自律奉献”的内涵

（一）“遵章守法”的内涵

倘若没有法的规范，失去法的控制，各项秩序就无从保证，人们生存发展的环境就会遭到破坏，人民群众就难以安居乐业。遵章守法是每个公民应尽的社会责任和义务，是现代社会生活的基本要求，是保持社会和谐安宁的重要条件。

遵章守法要求提升公民的法律意识，增强法治观念，做到知法、懂法和守法。一个有道德的公民，应提高遵守法律纪律的自觉性，养成遵章守法的习惯。作为老年服务工作从业人员，应该树立严格的法律观念，认真学习法律法规，包括宪法、法律、行政法规、地方性法规、自治条例的单行条例、国务院部门规章和

地方政府规章等；要遵守国家的宪法和法律法规；要遵守一定的劳动纪律和技术规范，劳动纪律和技术规范是维护劳动秩序和生产经营安全的基本和前提，遵守相关的劳动纪律和技术规范也往往是法律明文规定的义务；要恪守职业道德，遵守工作须知等不同层面的法规和制度。

例如《中华人民共和国老年人权益保障法》明确规定了养老机构及其工作人员的各项要求。

> 第七十八条规定：侮辱、诽谤老年人，构成违反治安管理行为的，依法给予治安管理处罚；构成犯罪的，依法追究刑事责任。
>
> 第七十九条规定：养老机构及其工作人员侵害老年人人身和财产权益，或者未按照约定提供服务的，依法承担民事责任；有关主管部门依法给予行政处罚；构成犯罪的，依法追究刑事责任。
>
> 第八十条规定：对养老机构负有管理和监督职责的部门及其工作人员滥用职权、玩忽职守、徇私舞弊的，对直接负责的主管人员和其他直接责任人员依法给予处分；构成犯罪的，依法追究刑事责任。

在老年服务工作中，自觉遵守法律法规的同时，需要把遵章守法融入内心深处，应发自内心肯定遵章守法是高尚的行为，是人类理性选择的结果，是善和美的体现，是助力将老年服务工作发展成人生事业的保障。

（二）“自律奉献”的内涵

自律是在一定环境下的自我管理。作为社会成员之一，一个人的成长与发展离不开一定的社会环境的支持与保障。一个勤奋、向上的人，是在一定环境下，自己给自己创造成长的空间，始终坚守内心的执着追求，将环境压力转化为实际行动，自觉地用实际行动开展自律，从而促进个人的成长与发展的。

作为老年服务从业人员，因为服务对象的特殊性，一方面要在行业内理解、贯彻和落实国家的法律法规和相关政策，另一方面也要结合行业的特殊性约束自己的职业行为，形成行业自律。行业自律，是为了规范行业行为，协调同行利益关系，维护行业间的公平竞争和正当利益，促进行业发展。

奉献是对追求的事业不求回报的爱和全身心的付出。老年服务从业人员要在这份爱的召唤下全身心付出，把本职工作当成一项事业来完成，从点点滴滴中寻找乐趣；努力做好每一件事，认真善待每一位老年人。

老年服务工作的性质要求老年服务从业人员必须把奉献作为重要的道德规范。奉献并不意味着不要个人的正当利益，不要个人的幸福。恰恰相反，一个自觉奉献的人，才能够真正找到个人幸福的支撑点，个人幸福是在奉献社会的职业活动中体现出来的。奉献和个人利益是辩证统一的。奉献越大，收获就越多。老年服务从业人员要有为老年人热心服务的责任感，充分发挥主动性、创造性，将职业转化为事业，为老年服务行业的发展和社会做出贡献。

三、“遵章守法，自律奉献”的实践要求

（一）“遵章守法”的实践要求

老年服务从业人员应该自觉地用法律法规和规章制度来指导和约束自己的行为，既要遵守各项法律法规和规章制度，不做任何违法乱纪之事，同一切违法乱纪行为做斗争，又要依法正确履行法律规定的义务，承担工作岗位的职责要求，自觉将遵守各项规章制度化为实际行动。

如果老年服务从业人员不能很好地做到遵章守法，就会酿成无可挽回的悲剧。

老年服务从业人员应从以下几个方面做到遵章守法。

第一，努力学习法律常识，自觉守法，增强法治意识，树立法治观念。对老年服务从业人员来说，法律法规既是工作行为准则，也是为老年人提供服务的基础，更是服务老年人和保护自己的有效保障。需要老年服务从业人员了解并掌握的相关法律法规有《中华人民共和国民法典》《中华人民共和国老年人权益保障法》《中华人民共和国劳动法》《中华人民共和国劳动合同法》《中华人民共和国消防法》等。在掌握法律常识的同时，也需要在工作中明确自己的法律地位、法律权利、法律责任和法律义务，做到知法、懂法、用法、守法；在工作之外，也要求老年服务从业人员在生活和学习中自觉遵守法律法规，杜绝一切违法犯罪行为，保障老年服务工作的顺利进行。

第二，自觉遵守老年服务行业国家职业规章制度。老年服务从业人员应自觉遵守老年服务行业国家职业规章制度，掌握老年护理基础知识、卫生知识、安全保护知识，提升个人的服务礼仪和个人防护能力，以高效、优异的表现服务好老年人，保证老年服务工作的圆满完成。

第三，自觉遵守所在机构的规章制度。用人单位制定的合理、合法的规章制度是其自主管理经营的需要，是组织的正常发展和建立和谐稳定的劳动的保障。老年服务机构的各项规章制度，是结合各机构的实际情况，贴合机构不同层次老年人多样化需求构建的规章体系。老年服务机构会在生活护理、助餐服务、助洁服务、助行服务、康复辅助、交流服务等方面规定具体的服务标准，老年服务从业人员要严格按照所在机构的规章制度从事服务工作。

（二）“自律奉献”的实践要求

“自律奉献”的实践要求包括以下两个方面。

一是要乐观向上，释放正能量。“正能量”是一种正确对待生活、工作、社会的，积极向上的、乐观的态度和信念，是个人能力发展的助推力。老年服务从业人员应认真履行岗位职责，乐观向上，释放正能量，快乐工作。老年服务从业人员应通过调整情绪、激励情绪、调动情绪等方式将自己处于正能量之中，在提升工作积极性的同时，不断挖掘工作中的乐趣，享受工作带给自己的快乐，把工作当成产生幸福感、成就感的源泉。能够释放正能量，在工作生活中陶冶情操，修

养身心，在快乐中开展服务工作，在服务工作中创造快乐的人更能做到自律奉献。

二是要尽职尽责、甘于奉献。有些老年服务工作环境艰苦，劳动繁重。只有对工作尽职尽责、甘于奉献，才能把工作做得更完美，才能取得成功。一个能够把工作做到完美的人，一定是个敬业的人，这样的人也大都具有强烈的责任感。做到尽职尽责、甘于奉献，就要从身边的小事做起，真正把自己和组织融为一体，一切以组织的利益为重。尽职尽责是敬业精神的升华，敬业是激发正能量的原动力，能够给人带来满足感、成就感，能带来莫大的收获和喜悦。老年服务从业人员若能在工作中保持自律奉献，则能在平凡的岗位上干出不平凡的业绩。

模块三

提升老年服务的道德修养

学习目标

1. 了解提升老年服务道德修养的方法。
2. 理解躬行实践的意义及其实现途径。
3. 了解老年服务从业人员慎独、自律和自我反省的内涵。
4. 掌握慎独、自律和反省的实现途径。

- 任务一　躬行实践
- 任务二　慎独、自律
- 任务三　反省

案例导入

石钟山得名之谜

关于石钟山名称的由来，郦道元和李渤给出了不同的解释。郦道元认为石钟山是山下有深潭，当风起浪涌时，水石相搏会发出洪钟般的响声，所以叫石钟山。唐朝的李渤寻访石钟山时，在潭上找到了两块石头，扣而聆之，确实似有奏乐之声，他便以为石钟山由此得名。苏轼认为郦道元的说法令人生疑，因为即便将钟磬放置水中，大风大浪袭来之际也不能发出钟鸣之音，更何况石头呢。李渤的说法也不可靠，因为扣之似有奏乐之声的石头比比皆是，怎么单单就这座山命名为石钟山呢？

元丰七年，苏轼和长子苏迈出行路过彭蠡湖口，顺便造访了石钟山。月明星稀时，他们两个乘坐小船来到绝壁下，这时，水上突然发出巨大洪亮的声音，原来山下布满石穴和缝隙，微波潜入石穴水流激荡入耳便如钟鼓之声。当小舟划至两山之间，有可坐百人的大石卧在当中，大石中空且有很多的小洞，与风水相吞吐，发出窾坎镗鞳之声。苏轼这时笑了笑，对儿子说：“汝识之乎？噌吰者，周景王之无射也；窾坎镗鞳者，魏庄子之歌钟也。古之人不余欺也！”

问题讨论：

1. 为什么苏轼认为郦道元和李渤的说法令人生疑？
2. 苏轼如何探得石钟山得名之谜？

苏轼亲身去石钟山探查一番，终于了解石钟山命名的由来。这篇故事告诉我们实践出真知，凡事主观臆断是不妥当的。

任务一　躬行实践

（一）躬行实践的内涵

躬行实践就是亲身实行和体验。躬行实践就是力学笃行，按照道德规范做事，从事符合道德规范的实际活动。

（二）躬行实践的重要意义

躬行实践有以下几点重要意义。

1. 躬行实践，方能成为一个有美德的人

美德是一个人长期遵守道德的行为所形成和表现出来的稳定的、恒久的心理状态，也是一种道德人格。无论是后天环境的影响，还是先天的生理特征，都仅是一个人美德形成的前提和基础，而并不能直接决定他的美德。直接决定一个人的美德的是在先天的生理特征基础上所进行的应对环境影响的行为。也

就是说，一个人只有通过躬行实践，按照道德规范做事，才能成为一个有美德的人。

老年服务从业人员仅仅学习知识和技能、立下为老服务的志向，而不投身到为老服务的实践中去，那么，他便可能只知道为什么应该做一个有美德的人，只确立了成为一个有美德的人的道德愿望、道德目标和道德理想，而不可能真正成为一个有美德的人；他要实际成为一个有美德的人，就必须参加为老服务的实践，在实践中按照道德规范做事、从事符合道德规范的实际活动。

2. 躬行实践，方能探寻真知、求得真理

正所谓要想知道梨子的滋味，就得亲口尝一尝。什么事情，只有躬行实践，才能获得最直接、最本真的认识与判断。课堂得来终觉浅，老年服务从业人员只有在为老服务的实践中不断地探索，才会发现瑰宝，获取真知。

3. 躬行实践，亲力亲为，方能成就一番事业

躬行实践，是一个人有所作为，成就事业的必由之路。李冰父子如果不是沿江两岸实地考察，弄清水情和地势等情况，就不能带领当地人民建成大型水利工程——都江堰；白居易如果不和百姓接触，熟悉人民的生活，就写不出《卖炭翁》等反映民间疾苦的诗篇……老年服务从业人员要想在为老服务方面成就一番事业，就必须登上为老服务这个舞台，到老年人需要的地方去，亲力亲为。

（三）老年服务躬行实践的具体内容

老年服务从业人员提高道德觉悟、培养优秀品质，目的是更好地参加老年服务实践，更好地为老年人服务。随着道德水平的提高，老年服务从业人员会更加热爱老年服务行业，能更积极地投身老年服务实践，为老年人的健康幸福服务、为老年人的家庭分忧解难。

老年服务从业人员躬行实践的领域包括老年人护理、护理管理、养老机构管理、老年康复保健、老年社会工作、老年产品营销等。以下以老年人护理、老年社会工作、老年产品营销三个老年服务领域为例介绍老年服务躬行实践的具体内容。

1. 老年人护理

目前，我国老年人的护理需求日益增大，为老年人提供高质量护理显得尤为重要和紧迫。老年人护理包括社区老年人护理、家庭老年人护理、隔代护理、老年人相互护理、老年人营养护理、老年人临床护理、老年人自我护理、老年人保健护理、老年人心理护理等。老年人是家庭、社会、国家的宝贵财富，老年人晚年的体面和个人尊严，离不开护理和帮助。这些护理环节，大部分都需要老年服务从业人员参与，需要践行“尊老敬老，以人为本；服务第一，爱岗敬业；遵章守法、自律奉献”等伦理道德要求。老年服务从业人员对老年人多一份尊重与理解，多一份关心与帮助，多一份同情心和耐心，既是老年人护理工作躬行实践的内容之一，也是提高从业人员道德觉悟、培养优秀品质的途径之一。

2. 老年社会工作

老年社会工作的目的是帮助老年人以正向积极的态度探求其内在价值，在

与环境的互动中充分认识到自己有继续成长及改变的权利，强化老年人解决问题的能力。由此可见，老年社会工作不同于一般意义上的"本职工作之外自发地、义务地、不计报酬地敬老爱老"，它的价值观建立在注重老年人的价值与尊严的基础上。老年社会工作具有鲜明的道德特征，在服务中，从业人员往往会陷入道德价值冲突的伦理困境，这在很大程度上会影响从业人员工作的有效开展以及老年人生活质量的提高。这就需要老年服务从业人员围绕社会工作者"助人自助"的核心理念，关注老年人的可持续发展，从更宽广的角度理解老年人的权利和能力方面的问题，根据具体的社会和生活情境去理解老年人的状况和需要，给予恰当的回应。针对老年人关心的问题和遭遇的困境，从业人员要用耐心的倾听和真诚的服务，使能自理的老年人树立信心，有勇气独自面对生活中遇到的困难，真正地做到助人自助，使老年群体有更多获得感、幸福感、安全感。

王大妈检查出小肠与膀胱穿孔，但无法进行手术治疗，只能通过插入排尿管进行观察治疗。在插了排尿管后，儿子因为工作需要当天就赶回外地工作，无人照顾王大妈，王大妈疼痛一晚后向社工求助，让社工带其去医院治疗。王大妈请社工帮助其选择治疗方式，并反映自己不想插排尿管，想进行手术或者住院治疗，缓解疼痛，减轻难受程度。但是主治医生建议用排尿管，以药物治疗为主，一个月后再做相关检查，逐步实现身体自愈，不建议做手术，因为手术复杂而且风险系数高。老年社会工作者面临的伦理困境：如何在不违背伦理原则的前提下帮助王大妈缓解病症痛苦？选择何种治疗方式？这些都需要进行仔细思考。

针对以上案例，老年社会工作从业人员首先需要熟知相关伦理原则，践行助人自助理念，遵循保护生命原则和最小伤害原则，明确社会工作者有帮助解决问题的责任，但是不能替代王大妈做相关决定，可以选择与王大妈一起确定问题的解决办法，向王大妈耐心分析各种可行性方案，认真倾听王大妈的想法，鼓励王大妈进行自决，为王大妈提供自决的机会，协同王大妈一起走出困境，实现早日康复。

3. 老年产品营销

随着经济的发展和人民生活水平的提高，大多数老年人虽然仍注重节俭，但他们也开始关注晚年生活的质量。花钱买健康、买愉悦成为许多老年人的选择，这就促进了"银发市场"的繁荣发展。"银发市场"不仅涉及适合老年人的衣、食、住、行、康复保健，还包括老年人学习、娱乐、休闲、理财和保险等。在一些经济发达地区，"银发市场"已有了明显分类，如老年日用品市场、老年旅游市场、老年文娱市场等。但是有些不法商人利用老年人易轻信人的心理，设置陷阱骗取钱财，严重损害了老年人的消费意愿。老年服务从业人员在开展老年产品营销时，要始终遵守尊老敬老的原则，树立服务至上的营销理念，真正做到诚信为本、货真价实、童叟无欺，避免急功近利的经营思想，平等地服务每一位老年人，促进老年消费品市场健康有序发展。

（四）躬行实践的实现途径

躬行实践的实现途径有很多，对老年服务从业人员来说，躬行实践应包括以下两个阶段。

1. 正心

正心是指端正躬行动机，即端正自己的欲望和感情，增强、扩充自己的善的欲望和感情，减弱、消缩自己的恶的欲望和感情。

只有当其善的欲望和动机强大到可以克服恶的欲望和动机，或者层次较高、价值较大的善的欲望和动机强大到可以克服层次较低、价值较小的善的欲望和动机，一个人才完成了躬行实践的第一阶段，亦即躬行动机（遵守道德的行为动机）之确定阶段。

2. 积善

积善是指执行躬行动机，是躬行实践的第二阶段，是道德形成和完成的阶段。因为一次善的、遵守道德的行为未必使躬行者获得美德，但是量积累到一定程度便可以导致质变，善的、遵守道德的行为积累到一定程度便可以导致质变，使一个人获得美德而成为一个有美德的人。

积善阶段所要克服的困难更为复杂，既有外部困难又有内部困难。外部困难如环境的复杂、条件的恶劣和他人的阻挠等，内部困难如执行道德行为动机的过程和道路之漫长、曲折以及妨碍执行的习惯、懒惰、疲劳等。一个人的道德意志薄弱，有时恰恰是在执行道德行为动机阶段，而不是在端正道德行为动机阶段。因为立志易，而执行难。

“正心”与“积善”两者相辅相成、相互转化。一方面，正心是引发积善的动力。因为只有心正，才能引发善德，并做到积善；另一方面积善又反过来强化正心。因为一个人每一次的善行反过来都会进一步增强善的欲望和感情。只有经过不断的、持久的行善，一个人善的、道德的欲望和感情才能够不断强化，而恶的、不道德的欲望和感情才能不断得到弱化，最终成为一个有美德的人。

老年服务从业人员要躬行实践，就要在“正心”和“积善”两方面发力。一方面要坚守岗位，踏实苦干，在实际岗位上践行老年服务伦理道德，这是最直接的躬行实践方式，为“正心”提供坚实的保障。另一方面要积极投身公益活动，创造实践平台锻炼自己的道德意志，恒久地躬行实践善的欲望和感情，使之成为习惯。

（1）坚守岗位。

一旦踏入老年服务岗位，即意味着崇高的荣誉，庄严的使命和神圣的责任。如果做到坚守岗位，不忘初心，尽职尽责，爱岗敬业，为老服务的人生事业即可由自己描绘和添彩。

以下是一位老年服务从业人员坚守岗位的故事。

毕业后，我走出校门，满怀壮志。但当我第一次踏进养老院大门时，出

现在眼前的是一些孤独病弱的老年人，看到他们佝偻的身躯，迟缓的动作，我的内心充满了同情，但更多的是不知所措。

在领导和同事们的帮助下我很快适应了这里的工作环境，熟悉了工作流程……在自己平凡而普通的工作岗位上，努力做好本职工作，悉心照顾好自己负责的每一位老年人的饮食起居。我立志：要用自己的社会良知和社会责任感诠释“奉献”的价值所在——那就是“超越血缘、爱心无限”！对于这些孤独病弱的老年人，我决定要付出百倍的爱心、细心和耐心去照顾他们，对待他们就像对待自己的亲人一样……为了了解老年人的内心世界，我专门学习了有关老年人心理方面的知识。平时闲暇时则常陪他们聊天、谈心，遇到他们有烦心事时，还会耐心地劝解和开导……

平凡的岗位，烦琐而重复的工作，锻炼了我的意志，使之更加坚强。“老吾老以及人之老，幼吾幼以及人之幼”，人人都会老，人人都有小……我们老年服务从业人员用无私奉献的精神，用热情与汗水谱写了一曲躬行实践、尊老敬老之歌！

这名初次踏入老年服务岗位的从业人员从不知所措到奋起的过程，正是践行老年服务从业人员“服务第一，爱岗敬业”的老年服务伦理道德的过程。这种躬行实践值得即将踏入老年服务行业的从业人员学习和发扬。

(2) 积极投身公益活动。

公益活动是指一定的组织或个人向社会捐赠财物、时间、精力和知识等的活动，其实质就是在完成躬行的第二个阶段，即“积善”，彰显的是为改善“公域”部分而奉献努力的精神。参加公益活动，既可以帮助他人，也可以提升自己的人生价值。随着人们生活水平和文明程度的不断提高，越来越多的人积极参与社会公益活动，在公益活动中寻找人生的方向，成就精彩人生。例如，昭阳社的工作人员为老年人组织“免费拍照，定格最美夕阳红”活动，不仅帮老人实现了美好愿望，而且彰显了人性的善，展现了公益人的美。

居住在养老中心的老人由于身体原因不方便外出，很少有机会能够留下个人影像，更别说拍艺术照了。老人们都很希望通过摄影的方式记录一下晚年生活，给儿孙们留下美美的记忆。了解到老人们的这一想法后，区域养老服务联合体运营机构昭阳社的工作人员立即联系了一家婚纱摄影机构为老人们免费拍照，帮他们留下美好的记忆。

“奶奶，放松点，笑一笑。”“爷爷，头再往左转一点点。”摄影师亲切地帮老人调整姿势。不少老人由于很久没有拍照片，在镜头前显得有些羞涩和紧张，工作人员细心地帮老人们整理衣领，梳理头发，伴随着快门的声音，时光在老人们的笑脸上定格。92岁的郎奶奶满脸笑容：“年轻的时候工作忙，没有时间，现在年纪大了，出去腿脚也不太方便，我已经二十多年没有拍过照片了，今天正好赶上我过生日，特别高兴。”

对于即将踏上老年服务岗位的从业人员来说，积极参与老年服务公益活

动，不仅能深入了解老年人的各类需求，协助行业从业人员为老年人带去更多生活上的关怀和心理上的关心，使老年人能够老有所乐，而且也能培养为老服务情怀、提升为老服务素养和技能，是正心积善，躬行实践的有效途径。

任务二　慎独、自律

是否能慎独、自律是检验一个人自觉性、自制力和意志力强大程度的主要标志，是老年服务从业人员提升自身道德修养的重要方法之一。

（一）“慎独、自律”的内涵

1．慎独

慎独是指当个人独自活动，无人监督时，仍谨慎地使自己的行为符合道德规范。这是进行个人道德修养的重要方法。

2．自律

自律是在没有外在压力强迫下，能够自觉规范自己的行为、自我提醒、自我监督，变被动为主动，自觉地遵循道德规范。

3．慎独和自律的区别

慎独是比自律更高的境界，是在无人监督之下依然遵循道德规范的高尚情操。

慎独与自律都强调道德主体的自我约束和自我克制。但慎独强调的是独处无人而不乱为，体现的是不受外界约束，依靠自身信念规范自己的行为。自律强调的是不为情感所支配，按照伦理原则去追求道德目标，所体现的也是不受外界约束，依靠“良心”来规范自己的行为。

相对于自律而言，慎独更强调独字，不管有无他人，道德主体都能够坚守内心的道德信仰，遵守社会道德规范。这种坚持不是明显或隐藏的外在力量约束使然，而是道德主体自主的选择，是道德主体精神上的高度自由和自觉。

老年服务人员做到慎独、自律并不是让一大堆规章制度层层束缚自己，而是用“慎独、自律”的行动创造井然的秩序，为我们的工作和生活争取更大的自由。要做到慎独、自律，就要做好“四个一样”：在老人面前和老人身后一个样；有人在场和无人在场一个样；有条件时和无条件时一个样；有人监督和无人监督一个样。

（二）“慎独、自律”对老年服务工作的意义

“慎独、自律”在高尚的品质和人格形成的过程中，起着重要作用。缺少“慎独、自律”意识，人就可能在缺少监管、免于负责的状态下不知如何“自处与自守”。为了更好地为老年人服务，老年服务从业人员要培养并强化“慎独、自律”意识。主要原因有以下几点。

第一，体现在服务方式上。老年服务从业人员往往是独自进行工作，服务人员与老年人经常是“一对一”进行沟通。

第二，体现在服务对象的特点上。老年人，特别是高龄老年人，往往身体和心理上出现这样或那样的问题，制约了他们清晰、准确地表达自己的需求和意见。

第三，作为间接服务对象的老年人的家属，很多时候不能亲身感受服务的质量，与老年服务从业人员间也不能实现有效的、信息对称的交流。

以上几点决定了老年服务从业人员要有高度的自觉性和主动性，这种更高层次的道德品质的获得，缺少“慎独、自律”是难以实现的。

(三)“慎独、自律”的实现途径

“慎独、自律”铸就诚信，成就未来。人生最大的敌人，不是别人，而是自己，纵容自己就是毁灭自己。那么，如何才能做到“慎独、自律”呢？

1. 一日三省

要做到“慎独、自律”，关键在于自觉坚持反省。经常反省自身，才能保持清醒的头脑，正确认识自身存在的优缺点，才能明辨是非、鉴别正误，才能增强思想上的敏锐性、工作上的洞察力、道德上的自律意识。

老年服务工作中，反省就是老年服务从业人员在实践的基础上对自己的所作所为进行道德上的自我剖析、自我检查、自我总结。用“一日三省吾身”的态度，经常审视自己的行为，加强自律，防微杜渐，自觉地从一点一滴做起，不断修正自己身上那些与高尚道德情操格格不入的“小节”，从细节中培养自己成为高素质的人。

2. 养浩然之气

浩然之气即刚正之气，是大义大德所造就的一身正气。“慎独、自律”主要是依靠人们信念的力量支撑维持的，什么事该做，什么事不该做，这种浩然之气是道德的内在心理机制。

常年在一线的老年服务从业人员，工作强度大，如果缺乏坚定的信念，仅凭三分钟热情，是难以坚持下去的，因为随着时间的推移，热情会渐渐冷却。老年服务行业在很多时候需要从业人员单独完成服务老年人的工作，这就需要从业人员具有高度的职业良心，在任何时候都能严格地按照职业道德要求去做。只有养成了浩然之气，内心真诚、胸襟坦荡、光明正大，才能时时处处、大事小事、公事私事都恪守道德信念，做一个“慎独、自律”的从业人员。

3. 在隐微处下功夫

隐，暗处也，微，细事也。“慎独、自律”就是在无人监督的地方谨慎地注意自己的言行举止，从细微处严格约束自己，不因无人监督或事小而放纵自己。

老年服务的细节体现在方方面面，从业人员的一举一动、一言一行都会影响到服务质量。老年服务从业人员在工作中要坚持从大处着眼，从细微处着手，从点滴做起，在老年服务工作岗位上培养出良好的职业道德修养。

任务三　反　省

（一）反省的内涵

反省是对自我进行审视的过程，是主体通过自我意识来省察自己言行的方法，是主体能动性的体现。老年服务伦理学认为，反省是主体对自身的品行是否符合道德规范的一种自我检查的方式，也是主体追求道德完善而进行的自我对话，是主体对自身过失的追悔与觉醒以及对自身失误的再认与反思，同时也是行之有效的道德修养方法。

在现实生活中，能否进行反省是衡量主体道德修养水平高低的标准之一，也是社会道德规范得以维持和发展的必要条件。可见，自我反省是主体对自身的检讨与反思，通过反省使主体道德修养水平得以提升，从而形成高尚的品格，这将进一步促进全社会道德素质的提升。

（二）反省的重要意义

1. 有助于个体的道德养成

个体的道德养成是多方合力作用的结果，个体道德养成的过程实质上是道德内化与实现的过程，也就是形成道德人格的过程。反省就个体而言，是个人的意识活动、是个体道德养成的重要依据与基础力量，是个体培养道德认知、道德情感，从而坚定道德意志、道德信念，规范道德行为以及养成良好的道德行为习惯的内在的、自觉的、有效的方法之一。如果能借鉴古今中外反省的各种方法，并反复实践，那么将有利于提高个体的自律能力，也有利于提升主体的道德修养水平。

（1）反省可以提高个体的道德认知。道德认知是人们对社会道德规范及其行为准则的认识，是在社会生活、生产实践中习得的，符合大多数人利益的，可以此为准则对善恶、美丑、是非、正义等进行分析与判断。通过反省可以进一步分析自己，认识自己，从而提高自我意识水平和抽象思维能力；通过反省，可以经常检查自己的言行，能够认识自己的不足与缺陷，从而自觉纠正错误。

（2）反省可以帮助个体形成积极的道德情感。个体一旦形成积极的道德情感，则有利于其做出合理的道德判断与道德选择。如果个体的道德情感消极薄弱或者根本就缺乏道德情感，那么他做出一定道德行为的意愿也就不强，他也就很难因为做了不符合道德规范的行为，或是违背了道德行为准则而受到良心谴责，也难以做到通过反省来鞭策自己。反省可以使个体反复学习与践行道德理论知识，在实践中亲身感受社会生活中的道德关系与行为准则，积累丰富的道德经验，掌握社会的道德规范与准则，从而形成积极的道德情感。

（3）反省可以磨炼个体的道德意志。道德意志是人们在做出道德判断和履行道德义务时所表现出来的克服困难的毅力和决心，能够帮助人们克服来自内外的各种诱惑与阻碍，自觉地调节自身的思想与情感，并形成良好的行为习惯。道德意志顽强的人在现实生活中常表现出坚韧不拔、勇往直前的精神。

自觉磨炼自己的道德意志是道德修养中不可或缺的一个重要环节。“梅花香自苦寒来，宝剑锋从磨砺出”，顽强的道德意志离不开实践的锻炼与洗礼。个体只有不断地反省自己的思想与行为，经常对自己的言行进行思考、分析、规范，才能够磨炼自身的道德意志。

(4) 反省可以坚定个体的道德信念。道德信念是调节人们道德行为与道德关系的内在力量，是人们通过对道德规范的认识和了解，并在一定道德情感的驱动下而产生的按道德行事的强烈的责任感。

道德信念的养成是在道德认知、道德情感和道德意志的培养中形成的，也是在一定的道德规范与原则的指导下经常进行反省的结果。个体正是通过不断的反省，从而形成良好的道德观念和坚定的道德信念的。

2. 有利于增强个体的道德实践能力

个体的道德认知、道德情感、道德意志、道德信念等是为个人的道德实践服务的。道德实践是在一定的道德意识的支配下做出的道德行为，这种行为如果长期坚持下去就会形成良好的道德习惯和道德品质。

在道德修养方面仅有反省意识是远远不够的，还需要个体在实践中不断地反省自身，身体力行，才能规范个体的道德行为，形成良好的道德品质。

真正的反省是不需要外部监督的自我锻炼和自我修养，是对人的道德修养提出的更高的要求。只有个体主动反省，发现思想与行为上有违道德规范的地方，才能自觉进行调整，并及时作出补救，才能把社会道德规范与伦理要求内化为个体的道德意识，充分发挥自律作用，养成良好的道德习惯和道德品质。

3. 有利于提升个人解决问题的能力

反省者能不受当前工作环境的限制，在不同的工作情境下积极寻找新问题的解决方案，整合现有资源，跳出原有思维模式区，不回避问题，有效应对，从而提高问题的解决能力。

Ferry & Ross-Gordon 在探讨经验与反省实践之间的关系时将实务工作者分为反省的与非反省的两类，发现反省者与非反省者在许多方面存在差别(如表 3-1 所示)。

表 3-1　反省者与非反省者的差别①

研究类别	反省者	非反省者
问题确认模式	反省者在与问题情境相互作用的动态关系中认识问题，寻求尽可能多地知晓问题和明确界定它的参数	非反省者受规则支配，根据规则收集资料、推断和检验假设，或者直接越过问题确认阶段着手解决问题
解决方法的产生	反省者在与情境的相互作用过程中产生解决办法，有时能把别人包括到问题解决过程中，不受当前问题情境的限制	非反省者寻求尽可能快地在自我知觉的范围内确定一个可接受的方法，这一方法是在当前情境中可得到的

① 吕全国，王明晶. 反省与高技能人才培养[J]. 淮北职业技术学院学报，2009(6)：107.

续表

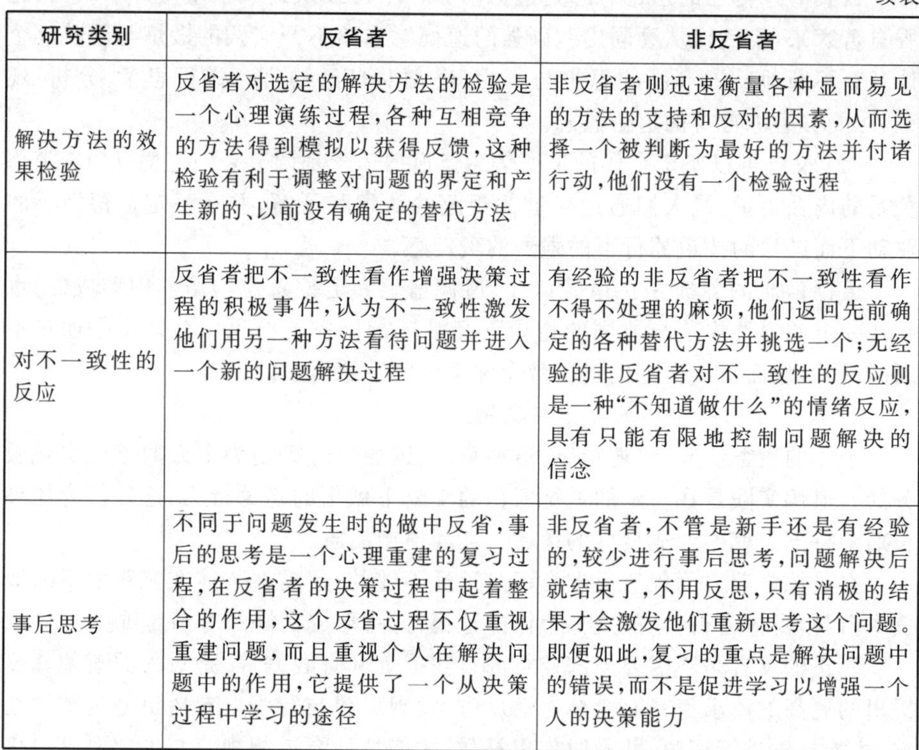

研究类别	反省者	非反省者
解决方法的效果检验	反省者对选定的解决方法的检验是一个心理演练过程，各种互相竞争的方法得到模拟以获得反馈，这种检验有利于调整对问题的界定和产生新的、以前没有确定的替代方法	非反省者则迅速衡量各种显而易见的方法的支持和反对的因素，从而选择一个被判断为最好的方法并付诸行动，他们没有一个检验过程
对不一致性的反应	反省者把不一致性看作增强决策过程的积极事件，认为不一致性激发他们用另一种方法看待问题并进入一个新的问题解决过程	有经验的非反省者把不一致性看作不得不处理的麻烦，他们返回先前确定的各种替代方法并挑选一个；无经验的非反省者对不一致性的反应则是一种“不知道做什么”的情绪反应，具有只能有限地控制问题解决的信念
事后思考	不同于问题发生时的做中反省，事后的思考是一个心理重建的复习过程，在反省者的决策过程中起着整合的作用，这个反省过程不仅重视重建问题，而且重视个人在解决问题中的作用，它提供了一个从决策过程中学习的途径	非反省者，不管是新手还是有经验的，较少进行事后思考，问题解决后就结束了，不用反思，只有消极的结果才会激发他们重新思考这个问题。即便如此，复习的重点是解决问题中的错误，而不是促进学习以增强一个人的决策能力

Ferry & Ross-Gordon 的研究结果显示：反省者能更好地把握实践中的问题，能更灵活地寻求解决问题的方法，他们注重思考自己的经验、把解决实践过程中遇到的新问题当作自我提高的机会。

4. 有助于个体健康成长

(1) 反省促健康。

反省既是心理健康的起点，也是心理健康的关键点。反省不仅能帮助个体正确认识问题，增强自我效能感，而且有助于克服困难，坚定解决问题的信念，增强解决问题的灵活性和社会适应能力。

(2) 反省显胸怀。

君子兰的枯萎

张老师是一位受人喜爱和尊敬的专家，一次，他受邀请要去外地参加一个会议。临行前，他交代保姆要给家里名贵的君子兰浇水。

可是，当他外出归来时，却发现君子兰已枯萎。原来，保姆浇完水后让君子兰晒在毒辣的阳光下，她完全不明白君子兰最怕高温。张老师看着枯萎的君子兰，心痛不已。妻子出差回来见此情景，便想责怪保姆，没想到张老师却说：“没事，没事，不怪保姆的！”说完还好生安慰了保姆一番，直到她

安心回家。进屋后，妻子还在不时地埋怨，张老师说："我说这件事不怪保姆，不仅是为了安慰她，其实，也确实不怪她，责任在我！你看，我明明知道保姆不懂如何照顾君子兰，可还把这件事交给她做，你说这是不是我的错？"妻子若有所悟，张老师又说："哎，他人犯错，常有己过啊！"

"他人犯错，常有己过"，上述小故事不仅反映张老师善于反省，也彰显出其宽广的胸怀和风度，使得他成为受人喜爱和敬重的人。作为一名老年服务从业人员，如果能做到不轻易指责身边的人，时刻反省自己，像张老师那样不留情面地剖析自省，也会赢得大家的尊重。

（3）反省助成功。

反省成就职位晋升

小张大学毕业后进入一家大公司工作，公司安排新员工从基层做起。有些新员工抱怨基层工作太简单平凡没有出人头地的希望。小张却什么也不说，他每天都认真完成每件工作，还力所能及地帮助其他人。更难能可贵的是，小张从进入公司上班的第一天起，便坚持写工作日志，详细记录每天的工作，做什么事情出现问题，也都记录下来，自我反思，然后再虚心请教老同事，不断改进工作方法。由于小张态度端正，做事效率高，人缘也好，所以老同事们都乐于教他。不到一年，小张迅速掌握了基层工作的要领。又过了两年，小张通过公开竞聘走上了基层领导岗位，承担了更多的责任。而有的与他一起进公司的员工，却还在私下抱怨自己生不逢时、怀才不遇。

上述案例中小张的职位晋升是与他每天的反省分不开的。大部分人都只能做一些平凡的工作，如果一味抱怨他人或环境，就难以认真做事，也就很难取得成功。老年服务从业人员如果在一个平凡的岗位上也能认真工作，不断反省，错则改之，对则勉之，扬长避短，发挥自己最大的潜能，相信成功也会早日实现。

总之，反省作为优秀传统美德，既可以促进个人自身的发展，又对他人发展和社会进步具有积极的促进意义。老年服务从业人员自觉、主动地进行反省，发扬反省精神，既是对优秀传统美德的继承，又是适应现实环境的要求，也是正面应对未来老年服务事业发展提出的挑战。

（三）老年服务工作中反省的具体内容

老年服务从业人员的自我反省主要是反省过错，成功时不得意忘形，失败时不自暴自弃。

反省的前提是要敢于面对自己的过错。人非圣贤，孰能无过，即使是君子

乃至圣贤，也不可能完全遵守道德规范，完全行善。一个人只要能够改过自新，没有形成恶的品性，在面对恶的欲望时，便能自我克制，恒久为善，那么，这些善的行为便形成美德，他便是一个有美德的人。反之，一个人如果知过不改、文过饰非或继续作恶，恶行不断积累，以致恒久为恶而偶尔行善，使为恶成为习惯，那么，这些行为所形成的便是恶德。

负荆请罪

渑池会结束以后，由于蔺相如功劳大，被封为上卿，位在廉颇之上。廉颇不服气，扬言如果遇见蔺相如，一定要羞辱他。蔺相如听到后就尽量避免遇见廉颇。每到上朝时，蔺相如常推脱有病，不愿和廉颇争位次。有一次蔺相如外出，远远看到廉颇，他就掉转车头回避。

蔺相如的门客们不理解为什么蔺相如与廉颇官位相当，却如此害怕、躲避他，他们感到羞耻，于是集体请辞。

蔺相如坚决挽留他们，说："诸位认为廉将军和秦王相比谁厉害?"回答说："廉将军比不了秦王。"蔺相如说："以秦王的威势，而我却敢在朝廷上呵斥他，羞辱他的群臣，我蔺相如虽然无能，难道会怕廉将军吗？但是我想到，强秦所以不敢对赵国用兵，就是因为有我们俩在呀，如今两虎相斗，势必不能共存。我之所以这样忍让，是为了把国家的急难摆在前面，而把个人的私怨放在后面。"

廉颇听说了这些话，十分惭愧，于是背着荆条，由宾客带引，来到蔺相如家门前请罪。他说："我是个粗野卑贱的人，想不到您是如此的宽厚啊！"二人终于和解，成为生死与共的好友。

老年服务从业人员不是圣人，也不是完人，难免会有犯错的时候，如果敢于承认自己的错误，像廉颇一般认真反省，及时改正，那么不但能够避免工作上的失误，提高工作能力，而且有利于提升被服务的老年人的晚年生活质量。

（四）反省的实现途径

老年服务过程中，反省是老年服务从业人员在实践的基础上对自己的所作所为进行自我回顾、自我评价、自我检查和自我调节。这四个环节能帮助老年服务从业人员更好地认识自己，不断提升自己。在实际的反省过程中，这四个环节不是依次出现、泾渭分明的，而是渗透、交融在一起的。

1. 自我回顾

自我回顾主要指回顾所说、所为和所思。所说、所为、所思既包括已经过去的，也包括当下正在进行的。一事之后，一天下来，或每隔一个阶段，对自己说过的、做过的、想过的，或正在做的和正在想的，大致"回放"一下，有人称之为

“过电影”。事事回顾是一事一反省，天天回顾是一天一反省。这两种方式，回顾的内容很具体，是微观回顾，属于最基本的反省。月月回顾、年年回顾，是一种阶段性回顾，是较为宏观的回顾。通过回顾，反思工作的得失教训，可以非常快地提高自己。

2. 自我评价

自我评价就是回顾之后，对自己的所说、所为、所想做出判断，即明辨是对还是错，是妥还是不妥，是该还是不该，是有价值还是没有价值，尽责了没有，效果如何，各方满意与否等。

自我评价是反省的重要环节，只自我回顾，不做自我评价，达不到反省的目的。自我评价是自己评价自己，但不是以自我为标准，而是以言行效果为标准，效果标准是不以我们意志为转移的客观标准。例如，评价对还是错，应以言行是否符合客观事实和客观规律为标准；评价妥还是不妥，应以言行是否适合当时的场合为标准；评价该还是不该，应以言行是否合乎一定的行为规范为标准；评价有价值还是无价值，应以言行是否产生实际意义为标准。

老年服务从业人员自我评价主要有三种途径：一是根据老年人对自己的态度评价自己；二是通过与同事或同行的比较来评价自己；三是通过对自己心理活动的分析来评价自己。在自我评价的过程中存在五种认知偏差：一是选择性知觉，即预先带有某种心理上或者认知上的倾向，然后只选择相关信息去感知；二是以偏概全，即以为一样行，什么都行，或以为一样不行，什么都不行；三是简单归因，即归因过于单一；四是错误评价，即过高或者过低地估计某方面的影响；五是非此即彼的思维，即认为事物只有两面，要么是对的，要么就是错的。老年服务从业人员要提前了解自我评价中可能会出现的认知偏差，并及时纠正认知偏差，以求获得全面科学的自我评价。

3. 自我检查

自我检查是反省的重要环节，其目的是把自我评价中感觉或认识到的自己不对、不妥的言行查出来，正视它们，重视它们，酝酿补救、调整、改正的思路。自我检查是反省中最需要勇气，也是最反映一个人修养高低的环节。对于前两个环节（自我回顾、自我评价），绝大多数人都没有什么障碍，自我检查却不是每个人都能做到的。大多数人常遮遮掩掩，把问题推给外部因素，缺乏正视问题的勇气。

4. 自我调节

自我回顾、自我评价、自我检查中酝酿的改正的思路需要通过自我调节来实现。缺少自我调节的反省是不彻底的，只有通过自我调节，才能真正实现道德认知偏差的纠正，优化行为结果，最终达到反省改进的目的。

美国心理学家阿尔伯特·班杜拉认为自我调节是个人的内在强化过程，是个体将行为的计划、预期与行为的现实成果进行对比和评价，以此来调节自己行为的过程。他认为人的行为不仅受外在因素的影响，也受内在因素的影响。他指出：“如果行为仅仅由外部报酬和惩罚来决定，人就会像风向标一样，不断

地改变方向，以适应作用于他们的各种短暂影响。事实上，除了在某种强迫压力下，当面临各种冲突影响时，人们表现出强有力的自我导向。由于人们具有自我指导的能力，使得人们可通过结果对自己的思想、情感和行为施加某种影响。”①

对于老年服务从业人员来讲，需要在老年服务工作的业务实践和道德实践的基础上，用自我回顾、自我评价、自我检查、自我调节来完成反省，进行道德情感的自我培养。每开展一项老年服务工作，就应该总结一下，看看是否遵守了道德行为规范；每一天的工作结束后，都要反思一下哪些言行是不得当的，有没有违反老年服务从业人员的职业道德。在自己的岗位实践中，不是天天盯着别人做了什么，重要的是要有“解剖”自己的精神，自己做了什么，自己是怎样做的。就像一位被评为“全国十大孝星”的福利院院长所言，就像天天洗澡一样，不断清除自己身上的各种灰尘，培养自己高尚的道德品质，几十年如一日，从不间断。这种对服务对象的满腔热情是值得我们学习的。

---

① 何少群. 班杜拉社会学习道德教育理论及其启示[J]. 新西部(理论版)，2012(9)：161.

模块四

践行现代孝道文化

学习目标

1. 了解传统孝道文化的内容。
2. 掌握现代孝道文化的内涵和意义。
3. 能够践行和弘扬现代孝道文化。
4. 能够辨析现代孝道文化对老年服务工作的意义。

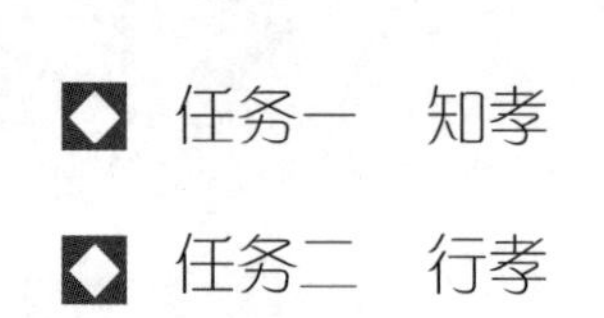

◆ 任务一　知孝

◆ 任务二　行孝

案例导入

"00后"哈萨克族女孩阿力的孝道

在北疆布尔津早上零下二十几度的低温中,"00后"哈萨克族女孩阿力开始了一天的忙碌——照顾家里的牲畜,去医院照顾生病的妈妈,帮助有困难的邻居……

做家务,清理牲畜棚的积雪,给牲畜打水,照顾小牲畜;给生病住院的妈妈送饭,看护妈妈,充当医生和妈妈的翻译;有时她还会主动帮助其他病人看点滴袋、找医生、打饭。在忙碌的一天中,阿力也不忘帮助有困难的邻居——帮他们做力所能及的事、陪他们聊天,邻居爷爷奶奶的一句"谢谢"让阿力感觉无比幸福。

尽管阿力年龄还小,不能承担起家庭的重任,但她从力所能及的小事做起,主动承担家务。在父母生病的时候,她守在身边嘘寒问暖、端汤送药,让父母感受到关爱。在社会上,主动传递爱心,帮助那些有困难的人,给他们多些心灵慰藉,哪怕只是陪老人聊聊天,阿力都是乐此不疲。

孝亲敬老是我们中华民族的传统美德,不管是今天,还是明天,我们都要践行和弘扬,做一个孝亲敬老的好榜样,把孝道传递到每一个角落。

问题讨论:

1. 你认为阿力心中的孝道是什么?
2. 阿力在生活中是如何行孝的?
3. 你觉得应该如何弘扬孝道?

孝道是中华民族的传统美德,随着社会文明的发展和时代的变迁,孝道文化不断被赋予新的内涵。学习、践行现代孝道文化,对提高老年服务从业人员的道德素养、提升行业服务的质量具有重要的现实意义。从整个社会来讲,弘扬孝道,对于适应老龄化社会,促进健康的人际关系,建设和谐社会具有十分重要的意义。

任务一　知　　孝

什么是孝?在我国,流传着许多感人至深的孝道故事。这些孝道故事是在社会生活的基础上总结而成的,用于告诉人们什么是孝、如何行孝,对于形成中华民族尊老爱幼的传统美德和良好的社会风气起了很大作用。古时候对孝很看重,认为这是一个人根本的为人处世准则,是处理子女与父母、晚辈与长辈关系的重要道德规范。

一、传统孝道的几层含义

（一）孝是个人道德修养的起点

在古代，孝被看作是一切道德的根本与起点。子女出生后，最先接触的人是父母，最先从父母那里感受到人间的爱，这种爱的潜移默化，使子女学会了爱父母以及爱他人。孝的本质是爱与敬的情感与行为，是个人道德修养的起点。

（二）孝是家庭存亡的根基

在古代，孝被看作是一种家庭道德。家庭是指以婚姻关系、血缘关系或收养关系为基础的社会生活组织形式。狭义的家庭是指一夫一妻制构成的社会单元；广义的家庭则泛指人类进化的不同阶段上的各种家庭利益集团，即家族。家族有一个显著的特点，即由具有血缘关系的成员、家业与家姓构成，形成了祖孙同居、一姓一村或几个姓共一村的生活格局。古人为了维系家族的发展，必须确立相应的家庭道德。家庭道德是建设家庭的重要内容。于是，人们在生活中提出父严、母慈、兄友、弟恭、子孝等道德规范，其中以孝为最核心和根本的道德，是家庭存亡的根基。

（三）孝是良好道德风尚形成的重要因素

传统孝文化对于形成尊老爱幼、友爱待人的传统美德和良好的社会风气起了很大作用。人们遵循“老吾老以及人之老，幼吾幼以及人之幼”的教诲，由己及人，有利于养成尊老、养老和慈幼、抚幼的社会风气。传统孝文化中的父慈子孝、夫义妇贤、兄友弟恭、尊老爱幼等思想对形成良好的道德风尚具有十分重要的作用。

（四）孝是维护社会稳定的精神力量

中国封建社会大力提倡和推行的孝道，虽然是为统治阶级的忠君治国服务的，但对整个社会文明的有序发展，对家庭稳定和生产力的提高也起到积极、进步的作用。孝在儒家文化中，既被看作是人之善性的根源，又被看作是政治的根源。孝在其产生之初，的确是起源于政治上的传子制度，因为传子制度是家天下的基础，要想政权稳定，首先需要一个稳固的家庭。所以，孝便是以父权为中心逐渐形成的巩固家族组织、秩序的道德观念。[①]

二、传统孝道综合说

1. 亲亲

“亲亲”是爱与仁，是源头，是根据。亲一方面是指家庭成员之间的亲情，更重要的是指成员之间发乎内心的“亲”。人们不是被要求履行孝道，而是孝道符

---

① 潘剑锋.论中国传统孝文化及其历史作用[J].船山学刊，2005(3)：27.

合人们生存的规律，是人们理所应当作为的。

“亲”是内在的，是发乎内心的所在，一旦形成，就不会轻易改变。老年服务从业人员只有发乎内心拥抱孝道的“亲”，才能真正做到尽孝，才能将这种“亲”转移到老年服务工作中。

2. 关亲

“关亲”是爱与仁的延续，指的是多给父母和长辈生活和精神上的关怀。

子女要摒弃自私与冷漠，学会善解亲意，懂得体贴关怀父母和长辈，不仅要关爱尊敬父母，还要让父母心情愉快，从精神上慰藉孝敬父母，时时处处为父母营造温馨的气氛，让父母在欢乐中安度晚年。如果父母生病，要及时诊治、精心照料，使父母感到被关心、被重视。

3. 敬亲

“敬亲”指的是尊敬父母。中国传统孝道的精髓在于，对父母的孝不仅是物质供养，最重要的是要敬爱他们，如果没有敬爱，就根本谈不上孝。

“敬”是外在的，是人们处理问题时所要遵循的原则。孝教化人的所有善的行为，都是由“敬”生发的，凡是不善的行为、让父母担忧的行为，都是不敬的行为，因此，是不孝的行为。古人把赌博酗酒、游手好闲、打架斗殴等行为都归于“不孝”之列，就是因为这些行为不仅无益于父母，还会让父母担惊受怕，或者败坏父母的名声，是不敬的行为。同样出于对父母的敬爱，孝要求人们要珍惜、爱护自己的生命。不仅如此，“敬”还倡导对大自然、对所有生灵的爱心，这是一种惠及众生、泽被万物的慈悲和仁爱。

4. 养亲

“养亲”是中国传统孝道的基础，是指要从物质上供养父母，即赡养父母。

物质需求是人们生存的基本需要，满足失去劳动能力的父母的物质需求是子女基本的、也是最起码的责任和义务。如果子女连父母都不供养，那就谈不上“孝”。

鸦有反哺之义，羊有跪乳之恩。父母养育子女含辛茹苦，子女成人后当思反哺之情，尽心竭力供养和照料双亲，保障老年父母的物质生活，以使其安度晚年。

5. 谏亲

“谏亲”说的是孝从于义，是指孝不能悖德、离道。子女既不能盲目顺从跟着父母做不仁不义的事，也不能让其继续错下去，应该进行诤谏劝止，使其改过从善。

孔子认为，对父亲的不义行为必须进行诤谏劝止，这样才能使他不做违礼的不义的事情；如果儿子盲目服从父亲，就是不孝之子。曾子也明确提出：父母之行，……若不中道则谏。孟子也曾说：亲之过大而不怨，是愈疏也……愈疏，不孝也。因此，父母有过，进行劝谏，非但合乎孝道，而且是孝子应尽的义务。

子女要顺应父母的想法，不能产生不孝的心思。但是，要是父母有不义的行为时，子女不但不能顺从，而且应诤谏父母，给他纠正过来，这样可以防止父

母陷于不义。在诤谏的时候要明白，劝是为了和，而不是制造更大的矛盾。

二、孝之今说

传统孝道作为中国文化的核心观念，本身具有两重性，即精华与糟粕并存。传统孝道具有封建保守、移孝作忠、愚孝等局限性。随着新时代中国人生育观念、婚嫁观念和乡土观念的转变，传统孝道必然要发生相应演进、变化。从整体看，它表现的是一种新型的家庭伦理、社会道德的时代调整，是向现代社会主义核心价值体系转型。

（一）现代孝道文化的内涵

1. 孝亲敬老

孝亲敬老是现代孝道文化内涵的基础，是以“孝敬”教育弘扬社会主义核心价值观。离开对老年人的孝敬，就谈不上孝道。具体来说，孝亲敬老就是在家庭、社会各种场合以愉悦的精神状态对待自己的父母和其他老年人。从某种意义上说，孝敬是中华民族孝道文化的真谛，也是东方文化的鲜明特征。因此，在新时期弘扬孝道文化，首先要树立公民的孝敬意识。下文中小陈就为大家树立了一个孝亲敬老的好榜样。

小陈为母亲洗尿裤

小陈的母亲瘫痪在床，大小便不能自理。小陈请了保姆照顾母亲，自己更是尽力陪伴左右。一次，小陈进家门时，母亲非常高兴，刚要向儿子打招呼，忽然想起换下来的尿裤还在床边，就示意保姆把它藏到床下。小陈像往常一样陪母亲聊天，关切地问这问那。过了一会儿，他对母亲说：“妈，我进来的时候，你们把什么东西藏到床底下了？”母亲看瞒不过去，只好说出实情。小陈听了，忙说：“妈，您久病卧床，我要上班，不能时时在您身边伺候，心里非常难过，这裤子应当由我去洗，何必藏着呢。”母亲听了很为难，保姆连忙把尿裤拿出，抢着去洗。小陈急忙拦住并动情地说：“妈，我小时候，您不知为我洗过多少次尿裤，今天我就是洗上十条尿裤，也报答不了您的养育之恩！”说完，小陈把尿裤和其他脏衣服都拿去洗得干干净净，母亲欣慰地笑了。

小陈虽然工作忙得脱不开身，但他不忘家中的老母亲，尽力陪伴照顾，为母亲洗尿裤，以关切的话语温暖抚慰病中的母亲。虽然小陈为母亲所做的只是平常小事，但从中可以看出他对母亲浓厚的爱。他不忘母亲曾为自己付出的点点滴滴，理解母亲的艰辛和不易，知道报答母亲的养育之恩。他的一片孝心，值得天下所有儿女学习效仿。

孝敬既是一种文化风尚，更是一种人人均需付诸实践的道德准则。从家庭这个社会细胞和基础出发，要老吾老以及人之老，要推己及人，最终做到以敬的心态爱家人、爱他人、爱国家、爱自然万物，达到“正心修身齐家治国平天下”的

人生境界。①

2. 理解尊重

在现代孝道文化中，理解老人是“孝”的前提，尊重老人是“孝”的基础。理解是一种友善的换位思考。树上没有两片形态完全相同的叶子，世上没有两个性情完全相同的人。每个人都有自己的个性、爱好、修养和经历，要理解他人，就得从心理上变换角色，设身处地为他人多想一想。我们对待老年人更应该多一些理解，凡事都站在老年人的立场想一想。老年人的人生阅历不同，他们所承受的病痛不同，他们为人处世的方式、态度也不同。作为年轻人，我们先要理解每一位老年人，然后才能发现老年人的优点，才能体会老年人的辛苦，才能包容老年人的缺点和过失。下文中的儿女就践行了对老年人的理解尊重。

落单的爸妈真寂寞，儿女支持老人再婚

老年人一旦失去伴侣会很孤单，为追求新生活，许多老年人选择了黄昏恋，有的人确实重新找到了伴侣，享受到了晚年的幸福。邢先生的父亲就是其中的一位。

失去老伴让邢老先生在痛苦中难以自拔，也深深刺痛了儿女们的心。后来，邢老先生决定再找一位伴侣共同生活，儿女们纷纷支持父亲的决定，并帮父亲物色合适的老伴，经过一番周折，某医院的张医生出现在邢老先生面前。张医生的老伴去世快十年了，有两个女儿，一个在澳大利亚，另一个在北京。两位老人彼此都有好感，儿女们也都很支持老人们的选择。双方子女见面后，两位老人的关系便确定了下来。有了新伴侣，两位老人的精神好多了，整天乐呵呵的……

在理解老人的基础上，我们应该学会尊重老年人，尊重他们的生活习惯，尊重他们的选择。现在的很多子女打着“为老人好”的名义勉强老年人做他们不喜欢做的事。尊重老年人，首先要尊重老年人的生活选择，让老年人过自己想过的生活。

3. 陪伴关爱

现在很多子女在外地学习工作，与父母聚少离多，常常因为奔波于学习工作而疏于与父母联络感情。老年人除了需要物质上的保障，更需要子女的陪伴关爱。“还乡奉母”中的王老师就很好地践行了对父母的陪伴关爱。

还乡奉母

王老师，某大学退休副校长。退休后，他毅然拒绝返聘，从工作了几十年的城市陪母亲回到农村，洗衣煮饭，侍奉老母亲十几年。他说：“在母亲怀胎六月的时候，父亲就去世了，只留下了母亲和我这个遗腹子，既然母亲想回老家，我就陪她回老家，不能让她孤独终老，她在一天我就陪她一天。”

随着社会老龄化程度的加深，“空巢老人”越来越多，已经成为一个不容忽

① 万本根，陈德述. 中华孝道文化[M]. 成都：巴蜀书社，2001.

视的社会问题。这些老年人是最需要关爱的，虽然他们可能不缺物质保障，但是他们的日常生活缺少应有的关心和照顾。子女们应该多给予老年人陪伴关爱，常回家看看，或是多给他们打打电话聊聊天，这些也有助于子女随时掌握老人的生活起居情况。

4. 守身承志

每个人的生命都是父母生命的延续，守身是指要保全身体、珍惜生命，它是行孝、尽孝的起始，是最基本的孝。否则，就失去了尽孝的资本。

现代孝道文化不仅要求子女守身，而且要在守身的基础上立德、立言、立功。子承父志，是中华民族的文化传统。做子女的要“守身承志”并成就一番事业。儿女事业上有成就，父母也会感到高兴，感到光荣，同时也是在为国家和社会做贡献。

5. 避免盲孝

人无完人，父母也不例外，他们也会做出错误的判断。儿女发现老年人的错误时，不应当盲目孝顺，任其出错不管，而应该及时指出纠正。父母是我们生命的赋予者，也是我们的养育者，父母对我们的付出不是理所当然的，在接受父母的付出时，我们也要懂得回报，但回报并不意味着盲孝。

综上，孝亲敬老、理解尊重、陪伴关爱、守身承志、避免盲孝这五个方面相辅相成，共同构成现代孝道文化的内涵。①

（二）现代孝道文化的意义

现代孝道文化在培育和践行社会主义核心价值观中有着多方面的重要意义。

1. 有利于个人修身养性

践行孝道可以完善个体的道德品行。人若失去孝道，也就失去了做人最起码的品德。因此，在今天，倡导孝道，并以此作为培育下一代道德修养的重要内容，对个人修身养性仍然具有重要的意义。

2. 有利于促进家庭和睦、社会稳定

从家庭来说，践行孝道可以规范人伦秩序，协调家庭关系，促进家庭和睦。家庭是社会的细胞，家庭和睦则社会稳定。在新时代，倡导孝道文化，强调孝亲敬老、理解尊重、陪伴关爱、守身承志、避免盲孝，对促进家庭和睦、社会稳定具有十分重要的意义。

3. 有利于爱国敬业

传统孝道推崇忠君，倡导报国敬业，可以规范社会行为，建立起一套礼仪制度，调节人际关系，从而提高社会凝聚力，使天下由乱达治。客观地讲，孝道为中国古代社会的稳定、国家的统一起到了积极作用。以今天的眼光看，虽然其中有封建消极的成分，但蕴藏其中的爱国敬业思想则是积极进步的，和现代社

① 张静. 先秦“孝道”的本来面目及其当代价值[J]. 南昌大学学报(人文社会科学版)，2010(5)：25-29.

会主义核心价值观的爱国、敬业是十分契合的，具有很强的现实意义。

4. 有利于塑造文化

在思想自由，社会生产力高速发展的现代社会，我们对孝道有了不同的理解，发展至今已经演变成爱国家、爱民族的强大的向心力。传统的孝道文化到今天被赋予了新的含义，任何牵扯到感情的东西都不是一些要求或者一本书能够定义的，真正的孝要无愧于心，看重血脉也好，看重感情也罢，无论社会怎么演变，时代怎么进步，孝永远是我们的道德底线。[①]

任务二 行 孝

百善孝为先，孝为德之首，父母的爱总是润物无声，我们只能用孝心孝行来回馈父母的浓情真意，孝体现在身体力行的生活实践中。

一、不孝的种种表现

有些单位在选拔人才时，将“不孝敬父母”放在排除条件的第一位，而什么是不孝呢？有时候人们对孝与不孝有所争议，比如有的家长认为孩子做足疗工是不孝，有的家长认为孩子不常回家是不孝，等等。一般来说，孝建立在尊敬和关爱的基础上，行孝既要合情也要合理，具有代表性的不孝行为有以下几种。

(一) 不懂感恩，忽视、冷落父母

生命是无价之宝，给我们生命的是父母，用一口口粥米喂养我们的是父母，一步步陪我们成长的还是父母。父母用爱呵护着子女，但一些人将父母的爱当成理所当然的事，当自己羽翼丰满离开家的时候，就忘了曾经含辛茹苦养育自己的父母，对父母的生活不闻不问。有人借口“学习忙”“考试忙”“工作忙”“离家远”不回家，平时也很少和父母联系沟通。有些人甚至在远走高飞或者成家立业后因为琐事和父母断绝关系，父母多次沟通、自行寻找或者找人调节未果，只好将子女告上法庭。

随着现代社会流动性和不稳定性的增强，这种忘了父母的行为和父母与子女对簿公堂的现象越来越多。《中华人民共和国老年人权益保障法》第十八条规定：“家庭成员应当关心老年人的精神需求，不得忽视、冷落老年人。与老年人分开居住的家庭成员，应当经常看望或者问候老年人。”忽视、冷落父母属于违法犯罪行为，一起起对亲情的审判正是因为不懂感恩。

(二) 推卸责任，不养老人

父母或长辈抚育、教养未成年子女或晚辈叫抚养，成年子女对父母或者晚辈对长辈在物质上的帮助、生活上的照顾和精神上的抚慰叫赡养，不赡养老人就是不负责任的表现。有些子女把赡养责任推到别的兄弟姐妹身上，认为既然

① 王玉德.《孝经》与孝文化研究[M].武汉：崇文书局，2009.

有其他兄弟姐妹赡养父母，自己就可以免去赡养责任；有些子女根本不承担赡养责任，仿佛父母的衣食住行和他无关，父母休想从自己这里拔走一根汗毛；有些子女想赡养老人，但妻子或丈夫拒绝赡养；有些子女互相推诿，商量好了就轮班照顾老人，有的家庭还要将生病的父母用担架搬来搬去，商量不妥，就无人管理。在子女互相推责的时候，有些老人悄然离世，只留下世人的叹息和对不孝子女的指责。

（三）言行鲁莽，嫌弃老人

孝不仅仅是物质上的赡养，对于老年人来说，精神赡养更加重要，他们要求的并不多，很多时候只需要一点认可、一点耐心、一点宽容。

嫌弃老年人包括在家里嫌弃父母和其他长辈，出门嫌弃陌生老人，重点表现在言语、表情、肢体、心理等方面。在言语方面，有人习惯性说出“别唠叨了”“讨厌死了”“别烦我”，有人对父母长辈恶语相向；在表情方面，有人在外见到老年人就斜眼、皱眉，在家动不动就给父母脸色看，父母变得越来越像害怕被批评的小孩；在肢体方面，有人粗暴地对待老年人，甚至推搡老年人、对老年人使用暴力；在心理方面，有人不愿与老年人接触，遇到老年人时就嘀咕着“离我远点”。

（四）自己吃好穿好，父母吃孬穿孬

有的人从小就习惯享用最好的东西，家里人也习惯好东西先让孩子用，这种理所当然是对孝的负面冲击，容易培养出没有长幼观念和社会责任感的人，从家庭层面扎下了不孝的根。

在基本的衣食住行方面，可以充分考验孝与不孝。不孝的人自己吃好穿好，给父母吃孬穿孬；自己住得宽敞明亮，却任由父母住在低矮潮湿的房中……

年近九旬的尤某有两个儿子，当初家里约定由两个儿子分别赡养父母，尤某由大儿子赡养。大儿子修建新房并入住后，却让尤某住在原先作为牛圈的破房子里，对尤某不管不问，村镇干部多次出面协调无果。尤某的大儿子、儿媳态度恶劣，尤某只得靠邻居接济和村镇干部帮助，勉强维持日常生活。

老人的遭遇及其儿子的不孝在当地引起强烈反响，村镇干部找到当地法院，希望法官给予帮助解决。掌握基本情况后，法官会同村镇干部、派出所民警来到尤某家中，现场查看了老人生活环境并进行了取证。由于尤某大儿子躲避在外，法官当场对尤某大儿媳进行了严肃批评教育，告诉其不履行赡养义务要承担法律责任。民警现场作了笔录，并用执法记录仪记录了全部执法过程。尤某的大儿媳慑于法律的威严，表示愿意把一间偏房修缮好将父亲接回居住，保证其吃饱穿暖，有病能及时就医，并拿出米、面、油和蔬菜送往尤某居住处。

事后，法庭干警对偏房修缮及尤某生活情况进行了回访。尤某的大儿子及大儿媳表示，经过法庭教育后，已认识到错误，并且已将偏房修缮妥当，让老人搬进居住，老人生活步入正轨。

(五) 奢侈浪费，伸手即要钱

有些人不顾家庭实际情况奢侈浪费，例如，主动追求物质享受，一件衣服动辄几千上万；有些人是长不大的娃娃——什么工作也不做，就只会伸手管父母要钱，花钱大手大脚，花完钱想尽办法和手段逼父母再给钱，安于做一个彻彻底底的“啃老族”，这些行为都是不孝的表现。

(六) 为老服务不周、不力

和老年人打交道的工作都可以称作为老服务，如果为老服务岗位少了“周到”二字，那么这些服务就会沦为老年人的身心灾难。为老服务不周、不力的原因包括：工作目的过于功利，只想着向“钱”看，而不是出于真心和岗位职责要求；工作态度不端正，不能从思想上理解老年人的难处，认为老年人难伺候、故意为难别人；工作过程中服务不到位，认为为老服务工作完成即可，不求质量；工作习惯不良，纪律涣散却没有自知之明。

具体来说，为老服务不力表现在方方面面，比如为老服务机构的管理人员未将职业伦理建设纳入工作考核，护理人员在为老年人服务时动作简单粗暴，老年产品营销人员夸大其词或售后服务不力，社区养老服务人员提供服务不及时或偷工减时，老年诊室医生诊断用语不文明或治疗不善、在某种程度上加重了老年人的病情，家政服务人员在为老年人服务时不做好分内工作，未承担相应责任，故意或者疏忽使老年人受到身心伤害，等等。

保姆还是“暴母”

朱女士因患有帕金森病等疾病，需要人照看，家人通过保姆介绍所找到保姆罗某，希望罗某照顾母亲的饮食起居，结果没想到，这位保姆不仅没有尽到看护之责，反而屡屡虐待老人！

在雇佣后短短5天时间里，罗某明知朱女士身患疾病，却多次对其做出高声呵斥、持刀恐吓，甚至用毛巾或衣服等物品进行殴打等恶劣行为。

一日，罗某在阳台上对朱女士施暴，导致朱女士摔倒骨折。随后朱女士因病情加重入院治疗。当日，医院便下达了病危通知书。同日，经司法鉴定中心鉴定，朱女士的损伤已构成轻伤一级。后来，朱女士因骨折不能行动，身体腐烂，口不能言，大小便失禁，健康状况每况愈下，于当年10月24日病逝。

当地人民法院公开审理了此案，罗某犯虐待被看护人罪，被判处有期徒刑6个月。

二、行孝之路

行孝需要恪守孝道，在孝道的实践中稳步前行；行孝要始于真心，始终如一；行孝要及时，从身边的小事做起，将对父母和老年人的每一件“孝”事做好。

（一）家庭中的孝意

孝文化的根脉在家庭，行孝的第一考场也在家庭，只有在家里做到了孝顺父母，才能真正地修养身心并且推己及人，将孝扩展到长辈和其他老年人。在家庭中，孝不仅意味着从物质层面赡养父母，让父母衣食足，更意味着从精神层面关心关爱父母，让父母身心舒畅。俗话说，富不过三代，但孝德之家可以传至三代以上，面对最亲的人，永远不要忘记“孝”字联系起来的血脉亲情。

1. 关爱父母和长辈

关爱父母和长辈，就是了解他们的生存状况，是否衣食足；就是了解他们的心理状况，是否内心充实、不感到孤寂；就是了解他们的安全状况，是否一切正常、健康平安。这份关爱不需要轰轰烈烈，只需要更多耐心和细心，一通嘘寒问暖的电话、一个掖好被角的动作、一次散步的陪伴都是孝心的体现。行孝中的关爱就是和父母长辈一起“笑”起来，每天至少做一件关爱父母长辈的事，每一件小事在孝心的天平上都是无价的。关爱父母长辈的小事不胜枚举，以下晒出的就是孝心的点滴行为。

关爱晒一晒

上海某大学给大学生布置了一项特殊的寒假作业——为父母做一件事，以点点滴滴的实际行动回报父母的养育之恩。同学们不断将自己回家做的感恩小事上传微博，主要包括以下内容。

1. 为父母做一次早餐。
2. 帮父母达成一个心愿。
3. 陪父母一起上班。
4. 陪父母做一件他们喜欢的事情。
5. 和父母一起故地重游。
6. 手工制作一份礼物送给父母。
7. 坐在沙发上陪父母聊天。
8. 和父母一起做家庭大扫除。
9. 和父母看一场老电影。
10. 策划一场父母结婚纪念日的旅行。
11. 给父母倒一杯热水。
12. 陪父母做一次体检。
13. 和父母拍张全家福。
14. 送父母保暖裤。
15. 和父母分享学校里的故事。
16. 教父母使用平板电脑。
17. 给父母买一些特产和零食。
18. 给父母一个拥抱。
19. 夸赞父母。

20. 在父母的床头放一张“我爱你们”的字条。

21. 对父母说声谢谢。

2. 竭力养亲

养亲的养，指的是赡养，是否赡养父母或长辈是评判一个人是否遵守孝道的标准。当老年人失去了劳动能力，即需要儿女或晚辈代际反哺，即父辈养孩小、孩养父辈老。养亲行孝还应及时，生时尽力胜过一切“马后炮”。

现代社会，一方面，养亲需要保证父母或长辈基本的物质生活，不论钱多钱少，能够竭尽全力赡养父母或长辈就是孝顺；另一方面，养亲还包括老有所依、老有所乐等方面，中国老龄社会的突破口在于社区养老和社会养老，但根本或者说最舒服的方式是居家养老，如果不是和父母或长辈住一起，就要常去陪伴他们，当他们生病的时候应该照顾好他们的起居生活。总之，养亲要始终将父母或长辈放在心中重要的位置上。下文中的刘艳艳同学就做得非常到位，感恩父亲的养育之情，在父亲失去劳动能力后不抛弃、不放弃，带着父亲勇敢地面对生活。

甘肃畜牧工程职业技术学院曾迎接过一位特殊的“新生”——18岁女孩刘艳艳的父亲。早在高考之前，刘艳艳就决定带着瘫痪的父亲一起上大学，计划与父亲朝夕相处，度过大学的每一天。

刘艳艳6岁那年，父亲在外务工时发生意外，导致腰部以下瘫痪。随后，母亲离家出走，刘艳艳成了家里的顶梁柱。多年来，她一边刻苦学习，一边照顾父亲的饮食起居。每天放学后，除了做饭、打扫卫生，她还要给父亲按摩、擦药、洗脚，给父亲接送大小便。

高考结束后，刘艳艳被甘肃畜牧工程职业技术学院录取。学校得知她计划带着瘫痪的父亲来上学的消息后，决定减免她的学费、住宿费，并免费提供了一套两室一卫的宿舍。

带着父亲上学不是刘艳艳一时兴起，而是她郑重的承诺。在一次父亲和邻居的交谈中，刘艳艳无意间听到邻居的一句问话：“你女儿对你很照顾，可眼看着剩一年多就高三毕业了，她要是考到了大城市，你可怎么办?”父亲没有回答。当天晚上，刘艳艳一边做饭，一边认真地告诉父亲：“爸爸，你不用愁，我考到哪里，就把你带到哪里。”

站在新的人生起点，刘艳艳不仅兑现了承诺，并暗下决心：“要完成课业和照顾父亲两不误，让父亲能够生活得舒心，也要努力学习新的专业知识，获得一技之长，为今后的就业做准备，也为今后能够更好地照顾父亲奠定基础。”

3. 立志成才

当父母或长辈说出“不肖子孙”时，往往气得浑身发抖，可见不成才也是一种不孝。一方面，孝顺本身就是一种“才”，以孝传后的家庭更容易培养出道德高尚的人，道德高尚是做好其他事情的基石，拥有孝心这种良好品质的人更容

易锤炼自己、广纳朋友、走向成功。另一方面，在父母或长辈看来，子女成才才是对他们最好的报答，一流的成才是成为优秀的人，比如科学家、艺术家、大国工匠、劳模等。但并不是所有的人都能成就一番“大才”，能够成为一名合格的社会公民、努力完成本职工作也是成才尽孝。学生的职责是钻研学业并提高综合素质，在学校交出的每一份合格答卷都是对父母和长辈最好的回馈。

一个孝顺的人，能够将对父母和长辈的爱化为前进的动力，这样的人更加积极进取，更容易获得他人信任，更愿意接受高标准的挑战，也就更容易走向成功。作为一名大学生，应该时刻锤炼自己的品行和能力，每天三省己身，看自己是否言行一致，每天是否按时完成课业，每天做事的态度是否端正，每天与人合作是否团结友善，是否不断地实现了可以向父母汇报的小目标。一份录取通知书、一张奖状或者一份就业合同，都是沉甸甸的孝心。

（二）工作中的孝艺

学习、生活和工作是三位一体的，孝老爱亲是中华民族的传统美德，也是职业道德包含的重要议题。几乎所有的工作都会和老年人打交道，银行职员需要为老年人办理业务，医护人员需要为老年人进行诊治和护理，社区工作者需要为老年人协调活动空间……便民餐厅、日间照料、术后康复等行业无一不需要与老年人打交道。无论从事什么方向的工作，都应树立尊老、敬老、爱老、助老的优良风貌。特别是老年服务从业人员，更要时刻带着一颗“孝”心——为老服务机构的管理人员需要从老年人的实际需求出发，进行顶层服务方案设计；护理人员需要从细节照料老年人生活；社区养老服务人员需要根据实际情况，优化日间照料和夜间照料模式；家政服务人员需要悉心呵护被照料的老年人；文化养老行业人员需要开发适合老年人学习的银发课程；等等。总而言之，老年服务工作离不开为老服务人员带着“孝”心群策群力、共建共进。

老年服务工作中的孝艺包括良好的孝德、知晓老年人的需求、提供贴心服务等方面。

1. 孝德为根本

老年服务工作中，职业道德包括诚德和仁德，也包括孝德和爱德，其中孝德是根本。工作中的孝德要求每个人逐步提高自己的修养和品性，时刻捧着一颗爱心坚守岗位。

2. 知晓老年人的需求

人在不同的年龄段，需求是有差异的，从被动接受哺育、教育，到主动参加工作，再到进入老年阶段，在此期间，人的需求不断满足，又不断产生新的需求。不同境遇的老年人也有着不同的需求。在出行时，我们会发现有的老年人乘坐公交车时需要人主动让座，下车时需要有人搀扶；有些高龄老年人乘坐飞机时，需要工作人员协调好相关流程；在社区，需要工作人员协调残联、老龄办等单位安装楼道助老扶手和电梯。在很多公共场所，都备有老花镜、拐杖、轮椅等，以方便老年人活动。在日常生活中，老年人更需要满足康养需求和心理需求，比如需要社区医院医生上门诊疗、需要志愿者上门帮忙做家务、需要同龄人围在

一起聊聊天、聚到公园唱歌跳舞等。老年服务从业人员只要细心观察，就可以获得关于老年人需求的第一手资料，如果将满足老年人的这些需求融入工作中，那么对提高老年服务工作的质量将大有裨益。

在尊重老年人自主性的前提下，老年服务从业人员要积极参与老年服务和照顾工作，促进老年人角色转换和社会适应，提升老年人的生活质量和生命质量。在了解老年人的需求并着手满足老年人需求的同时，要特别注意激发老年人的潜力，因为他们不仅是需要照顾的人，也是银发力量、是社会发展进步的宝贵财富。老年服务是以人为本的工作，在工作过程中，不仅要了解他们的物质需求，还要了解他们的身体需求、心理需求、精神需求等多方面需求。

老年人的需求

老年人的需求包括：健康维护、认知与情绪管理、经济保障、就业休闲（如重新就业、外出旅游等）、社会参与（如意愿表达、利益维护等）、婚姻家庭、居家安全、后事安排等（如子女生活、财产处置、后事操办等）。

健康维护方面包括健康服务和与健康照顾有关的服务。前者是为老年人提供的与身心健康直接相关的治疗、康复、预防等方面的服务；后者是为老年人提供的与身心健康间接相关的生活照料、家务助理、出行协助、事务管理等方面的服务。

全面满足老年人的需求，离不开社会支持网络的建立，包括老年伴侣工作、家庭体系的工作、照顾人支持体系的工作和促进老年人与社会相融合方面的工作。这些工作都要求从业人员要有“家庭思维”，“家庭思维”指的是把老年人看成是复杂的多代关系系统的一部分，正向影响老年人的所思所想，为老年人提供积极的服务。

对于满足老年人需求时存在的特殊问题，包括虐待、疏于照顾、后事处理等，主要介入措施包括保护老年人权益、提供支持性辅导、发展支持性服务、改变和调整环境、提供相关资讯、提供情感支持。这些都要求老年服务从业人员能敏锐地体察和理解老年人及其家人。

3. 贴心服务

老年服务从业人员为老年人服务时要心贴心，将孝心、爱心、耐心、细心、同情心、同理心融合在一起，即从老年人的角度考虑问题，以“儿女”的身份照顾老年人，像照顾自己的父母一样关爱所服务的老年人，对每一位老年人实行差异化服务，让他们感受到关爱。

贴心服务少不了专业素养的支持，专业素养是老年服务从业人员圆满完成工作的根本。老年服务从业人员不论从事哪个岗位，都要把自己的工作职责承担起来，勤学苦练，不断提高业务水平，争取达到优秀。

贴心服务少不了温柔，老年人身心相对脆弱，需要工作人员像照顾小孩一样充满耐心，比如搀扶老年人要又慢又稳，跟着老年人的节奏。

贴心服务需要重复，也许他们的耳朵背了，小声说话听不清，需要一遍又一遍地重复；也许他们容易健忘，总也记不起该做什么了，需要一遍又一遍地提

醒；也许他们机体失能了，不小心尿床了，需要一遍又一遍地换洗衣物被褥，做好这样的工作极其需要“不厌其烦”。

贴心服务需要坚守，俗话说久病床前无孝子，为老服务工作也一样，很容易产生职业倦怠，需要不断地自我“充电”、自我培养以生发职业热情，在日久生“孝”的贴心服务中，让老年人有更多的幸福感、满足感和获得感。

一位“80后”养老院院长用行动为我们诠释了什么是贴心服务。

“80后”的孝心敬老事业

2016年，小杨创办了一家养老院，自此以后，她的生命就与老年人紧密结合在一起。老年人行动不便，她帮其擦身洗脚；老年人心情不好，她主动找其聊天谈心；老年人突发疾病，她将其背下楼，送到医院……邻里乡亲都说，小杨是把老年人当成自己的父母在养。

自养老院成立以来，小杨觉得自己成长了不少。以前看到老年人突发疾病，她会觉得害怕，想躲得远远的。现在一听说老年人有事，她赶紧冲上去帮忙。

养老院的老年人大多身体不好，这给小杨带来诸多挑战。有一年年三十晚上，小杨查完房后刚准备睡觉，有人打电话说同屋的老年人心脏病犯了。小杨一听，穿着衣服赶忙跑过去。她一边给发病的老年人喂速效救心丸，一边打急救电话。待老年人恢复意识后，她丝毫不敢耽误，甚至顾不上叫人，一个人一步一步地将其从二楼背到车上送医。由于送医及时，发病的老年人最终平安脱险。送完老年人，小杨才发现，自己的鞋都跑没了。

在这家养老院里，许多老年人生病时喊的不是儿女的名字，而是小杨的名字。在小杨的言传身教下，儿子一有时间就会来养老院帮忙打扫卫生。尽管养老院已是“声名在外”，但小杨还不“知足”，她憧憬着再建一栋公寓改善老年人的居住环境，要建得比宾馆还要好。在小杨心里孝心敬老就是她要为之奋斗终生的事业。她说：“虽然我的生命是有限的，但我想努力照顾尽可能多的人。”

（三）社会中的孝义

“我每天都出来活动，坐公交车到处转转，我不喜欢在家待着。孩子不在家，就我一个人，得病了别人都不知道，在外面倒下了起码还有身边的人救我。”这是一位八十岁老年人的心里话。人类是群居动物，不能缺少人与人之间的互助。老年人现在的社会境遇就是我们的未来，今天我们如何对待老年人，未来我们就可能会受到相似的对待。老吾老以及人之老，幼吾幼以及人之幼，每个人都会经历类似的生命历程，老年服务从业人员应带头提倡和践行社会行孝。社会行孝关系老年人的社会参与度，关系社会的和谐稳定，关系到国家人口发展。社会行孝是家庭行孝和工作行孝的有益补充，是收益面很大的行孝方式，因此需要在全社会弘扬。

1. 积极宣传和弘扬孝文化,维护良好社会风气

孝文化在老年服务中发挥着重要作用,积极宣传和弘扬孝文化是每个人义不容辞的责任,也是每位年轻人应该关心、关注的事情,应争做维护孝老敬亲社会风气的好公民。

宣传和弘扬孝文化并非一蹴而就,需要时时刻刻、随时随地传播这种正能量。第一,要将孝文化的内涵学懂弄通。明晰孝文化的定义、层次、核心、礼俗等,只有自己先弄明白了,才能更好地宣传。第二,大学生应在校园内和家庭中宣传孝文化。利用板报、手抄报、主题班会、行孝倡议、给家长的一封信等形式,让孝文化在学校和家庭层面生根发芽。第三,在国学讲堂、社区文化站、中小学校等平台向在校学生宣讲孝文化常识。结合自己所学的传统文化知识和本专业孝文化体验,深入浅出地讲出孝文化的现代意义。第四,利用各种活动,到社会上规模化地宣传孝文化。借助清明节、重阳节、中秋节、春节等传统节日,举办孝文化展览、孝文化主题晚会,创作孝文艺作品等,将孝文化的影响慢慢在社会中推广开来,让更多的人懂得社会行孝的重要性。第五,多学习全国敬老爱老助老模范人物的事迹,与同学们一同讨论学习心得,并利用社会服务的时机宣讲模范的故事。

道德品质就好比一个人拥有的"软件",业务技能就好比"硬件",只有同时拥有"硬件"和"软件",才能走得更远更稳。学校教育常特别注重育人先育心,将孝德教育贯穿在人才培养全过程。学生要注意吸收学校的知识营养,并将母校的精神传播到社会中去,湖北职业技术学院的李燕同学就是这样的代表。

李燕出生在一个贫困家庭,父亲在一次意外中脑部受伤。在李燕的精心照顾下,父亲的病情开始稳定下来,但母亲却患上了尿毒症。当母亲准备放弃治疗时,李燕跪在母亲面前说:"父亲身体不好,我可不能失去您,活着,就有希望。"

在女儿的坚持下,母亲开始接受治疗。为了节省路费,李燕经常用自行车载着母亲到医院治疗。为了照顾父母,李燕每天早早起床,把父母安顿好之后才去上课。中午放学后,她就急忙骑车回家给父母做饭,做完家务后再赶回学校。

李燕的事迹感动了很多人,得到了许多社会人士的关心、帮助和认可,荣获了"全国敬老爱老助老模范人物""全国优秀共青团员""湖北省道德模范"等荣誉称号。

毕业后,在学校的帮助下,李燕在中华孝道创业园内自主创业,她注册成立了公司,创业收入除了用于还债,还拿来帮助社会上的孤寡老人。在她的带动下,该校学生每年都会结合自己所学专业特长,开展精准志愿服务,回报社会。

对此,李燕说:"母校教育了自己、鼓励了自己、帮助了自己,自己有责任把这种优秀文化传播给更多的人。"

2.“举手”行孝，在社会交往中尊老助老

“举手”行孝是指将尊老助老的传统美德体现在日常生活每件举手之劳的小事中。随着医疗水平和物质水平的提高，老年人参与社会生活的频率也在提高。进入老龄化社会，老年人越来越多，因此需要解决的问题也越来越多，对社会临时帮手的需求量也越来越大。尊重和帮助老年人不仅仅是家庭和为老服务机构的事情，更是每一个人的事情，只有每个人都能在社会交往中，不图名不图利，心甘情愿地尊老助老，我们的社会才称得上是“孝”益大的社会。

“举手”行孝，对老年人提供帮助，虽说可能耽误一点时间，花费一点精力，但这些都会在日后回馈给每一个人。常见“举手”行孝行为有，遇到了老年人迷路，不妨帮他们手机导航，如果顺路可以再送一程则更好；若在公交车上遇到老年人带的东西较沉重，不妨帮他们提下车；若遇到老年人突发疾病，如果你刚好会急救，不妨第一时间进行救助；老年人喜欢跟年轻人聊天，如果刚好遇到了爱讲故事的老年人，不妨耐心地听他们把话说完。很多年轻人有害怕被“碰瓷”的心理，但这样的个案不应阻挡尊老助老的脚步，在确保双方安全的前提下“举手”行孝，让老年人感受到温暖处处在，也是一个人的美德所在。

被扶起的责任

林大爷在雨后的校园里摔倒，正好被路过的叶同学和胡同学看见了。他们马上过去扶起林大爷，并仔细询问林大爷的情况。叶同学见林大爷额头上有点擦伤，正在渗血，连忙帮林大爷处理伤口。

林大爷对他们表示自己没有大碍，可当林大爷走了几步之后，又一次摔倒在地。叶同学和胡同学上前把林大爷扶起来，他们担心林大爷会再次摔倒，便提议送林大爷回家。见林大爷走路有点吃力，胡同学贴心地背起林大爷。到家后，叶同学和胡同学发现林大爷的家里只有他和老伴居住。两位同学回校一直牵挂着林大爷的伤，多次一起看望林大爷。直到老人身体恢复了，两位同学才放宽心。

针对社会上有些老人摔倒了没人敢扶的现象，林大爷也表示有些无奈。但是对两位大学生的义举，林大爷满是感激。林大爷的家属想对两位同学的善举表示感谢，但是叶同学和胡同学婉言谢绝了：“如果是其他同学看到了肯定也会扶的，我们只是做了我们应该做的事情。”

3. 孝心“创业”，提升老年人生活品质

如果每个人都把尊老助老的传统付诸行动，从身边的每件小事做起，孝敬自己的父母，关爱社会上的老年人，让周围的老年人感受到温暖，整个社会就会更加和谐，尊老助老的氛围就会更加浓厚。在个人尽力“举手”行孝的基础上，还可以与志同道合的人组成孝老团队，或是加入已成立的孝老志愿者队伍，让热血青年在孝老行动中创出一片天。

孝心“创业”是指充分结合自己的工作内容，把老年人的需求融入其中，使自己的工作向社会孝老公益充分延伸的自主创造的行动。例如，有些餐厅在固定时间设置爱心餐位，老年人可以以补贴价用餐或者免费用餐；有些理发店推

出老年人免费理发活动，周二或周四上午60周岁以上老年人可以凭身份证免费理发；有些单位工作人员用自己节省下来的工资，给生活困难的老年人送去米面油等日用品。

孝心“创业”，也可以团队创业，成立或者加入志愿者队伍，利用节假日等业余时间参与或组织孝老活动，使尊老、爱老、孝老的理念不仅内化于心，更外化于行。孝心“创业”需要每个人不断地创造孝老的环境和机会，影响更多的人将对自己父母长辈的孝和爱升华为对社会所有老年人的大孝和大爱。

下　篇

老年服务礼仪

模块一

老年服务礼仪概述

学习目标

1. 掌握老年服务礼仪的内涵和特点。

2. 理解老年服务礼仪的原则和本质。

3. 能够运用老年服务礼仪的相关知识约束自己的行为、辨析实际工作中的问题，并提出有效解决措施。

- 任务一　了解礼仪的发展过程
- 任务二　了解老年服务礼仪的内涵、特点与功能
- 任务三　理解老年服务礼仪的原则与本质
- 任务四　把握老年服务礼仪与老年服务伦理的区别与联系

案例导入

关爱老年人，细节做好了就了不起

小张在日本乘坐巴士，距离目的地一共六站，到了第二站时，车上已经满座，不一会儿，上来一位须发花白的老人，他右手拿着拐杖，左手还拎着一个沉重的大包。来日本之前，小张就了解到，日本的老人都不希望别人给自己让座，不希望自己成为受人瞩目的需要帮助的群体。所以，小张没有马上让座。直到那位老人已经站了一站，小张和朋友才站起来，做出准备下车的样子，老人看见小张他们准备离开，就在空座坐下来。巴士在第三站停下，小张一把拽住朋友："走，我们下车。"朋友大惊："你真的要下车？我们还有很远才到啊！"小张认真地回答："既然选择不让老人尴尬，我们就要演得像一点儿，这才是真正的成全。"

问题讨论：

1. 为什么小张还没有到站就要下车？
2. 小张的行为反映了老年服务礼仪的什么功能？
3. 你认为老年服务从业人员在工作时应该遵守老年服务礼仪的哪些原则？

个人具有适宜的仪容仪表，得体的谈吐，良好的沟通方式，是赢得他人尊重的基础和先决条件，也是个人生活和事业成功的基石。老年服务礼仪是用来规范和约束从事与老年服务有关工作的人们的行为的，是老年服务从业人员在其工作过程中应当遵循的一些工作原则。为此老年服务机构应该制定一些规章和制度来约束和规范老年服务从业人员的行为。这些规章和制度主要应包含：老年服务仪容礼仪、老年服务仪态礼仪、老年服务服饰礼仪、老年服务沟通礼仪、老年服务工作礼仪和老年人心理健康服务礼仪等六个方面的内容。

任务一　了解礼仪的发展过程

以下从原始社会的礼仪、奴隶社会的礼仪、封建社会的礼仪和现代社会的礼仪等四个方面简单介绍礼仪的发展过程。

一、原始社会的礼仪

原始社会的礼仪是与原始宗教祭祀活动相联系的，其主要形式是用礼器举行祭祀仪式，以表示氏族成员对神和祖先的敬献和祈求。因此有"礼立于敬而源于祭"之说。

二、奴隶社会的礼仪

进入奴隶社会，大规模的奴隶劳动使社会生产力有了很大的提高，社会文明也进一步发展，人与自然、人与人之间的关系也更加深入和复杂。在这种情况下，礼仪仅作为一种祭祀仪式已经不能满足社会生活发展的需要，于是礼仪

便从事神领域跨入事人领域,开始全面渗入人们的社会生活。在这一阶段,奴隶主阶级为了维护本阶级的利益,巩固统治地位,制定了比较完整的国家礼仪和制度,提出了许多重要的礼仪概念,确定了崇古重礼的文化传统。

三、封建社会的礼仪

封建社会伊始,儒家思想受到封建统治者推崇,其提倡的礼仪文化成为封建社会的主流礼仪文化。它涉及政治、法律、道德、哲学、历史、祭祀、文艺、教育、日常生活、历法、地理等诸多方面,是系统的礼仪文化。其中部分内容得以延续和发展,仍然存在社会日常生活中,成为中华民族传统文化的重要内容,也是我国现代礼仪制度的基础。

四、现代社会礼仪

在现代社会,"礼仪"仍是一种文化现象,是人们为表示尊重、友善等在语言、行为方面共同遵守的准则和规范。对一个社会来说,礼仪是一个国家社会文明程度、道德风尚和生活习惯的反映。对一个人来说,礼仪是一个人的思想道德水平、文化修养、交际能力的外在表现。

任务二　了解老年服务礼仪的内涵、特点与功能

一、老年服务礼仪的内涵

老年人作为社会的特殊群体,其需求具有多样性和特殊性。他们不仅有生理、社会的需求,也有物质、精神的需求,还有安全、归属的需求和自我实现的需求。随着年龄的增长,老年人生理功能发生退化、心理也发生变化,必然导致产生各种不同于其他年龄群体的特殊需求。

老年人的生活方式与年轻人相比具有以下特点:

(1) 逐渐从劳动生活和职业活动中退出;

(2) 社会政治活动明显减少,相应的是与社会接触减少,人际交往频率显著降低;

(3) 精神文化生活活动内容发生明显的变化;

(4) 家庭生活活动成为活动的主要内容;

(5) 生活活动空间明显缩小。

根据以上特点,老年人应享有的服务需求包含以下四个方面:

(1) 老年人应享有家庭和社区的照顾和保护;

(2) 老年人应享有保健服务,以帮助他们保持或恢复身体、智力和情绪的最佳水平并预防或延缓疾病的发生;

(3) 老年人应享有各种社会服务和法律服务,以提高其自主能力并得到更好的保护和照顾;

(4) 老年人居住在任何住所(安养院、治疗所等)时,应均能享有人权和基本

自由，包括他们的信仰、需要和隐私得到充分尊重，他们对自己的照顾方式和生活品质做抉择的权利得到尊重。

概括起来，老年服务是指建立在一定社会共识的基础上，与经济社会发展水平和阶段相适应，为保障全体老年人的生活、健康和精神慰藉需要，通过采取加大政府公共财政投入、扩大市场参与水平、落实家庭赡养功能、坚持个人合理负担等方式，让全体老年人享有的公平可及、系统连续的居家、社区、机构、医养结合等养老服务，以及与之相适应的设施、支付、评估和监管体系。

老年服务礼仪就是指老年服务从业人员，在老年服务工作中根据老年服务工作的特殊性，为表达对服务对象的关注与尊重而采用的律己敬人的方式与方法，是老年服务伦理的外在形式，它是根据老年服务工作过程中的实践经验总结提炼出来的一系列行为准则和规范的总和。老年服务礼仪要求老年服务从业人员不但要遵守礼仪的普遍规律，还要遵从根据老年服务行业自身特点而制定的行为原则。

二、老年服务礼仪的特点

（一）相对的实用性

老年服务礼仪是礼仪在老年服务工作中的具体应用，具有很强的实用性和针对性。不同的老年服务门类，其操作规范也不尽相同。所以不同的老年服务部门，甚至不同的工作岗位，都要建立一套属于自己的有针对性的工作规范。随着我国老龄化的加快，老年服务行业发展势头劲猛，老年服务机构若想在快速发展的老年服务行业站稳脚跟，提供的服务必须独具特色。不同的老年服务机构为了在激烈的竞争中立于不败之地，制定体现特色的实用性强的规章和制度势在必行，这也是老年服务行业规范化发展的必经之路。

（二）一定的灵活性

老年服务礼仪的规范是具体的，但不是死板的教条，它具有一定的灵活性。老年服务从业人员在不同的场合下，应该根据不同交往对象的特点，灵活处理遇到的各种情况。同时，针对不同年龄、来自不同地区、不同风俗习惯、不同宗教信仰等的老年人，老年服务从业人员应尊重他们的习惯及禁忌，体贴周到地照顾好每一位老年人。

（三）广泛性

老年服务工作的服务领域越来越广泛，针对各类群体，很多老年服务机构均已形成了一套独具特色的服务内容和服务方法，广泛应用在各个服务环节。诸如针对特殊老年人的紧急救助、生活帮助、医疗服务事务咨询等服务，针对普通老年人的中医康养、营养餐厅、图书阅览、体育休闲、棋牌娱乐等服务，等等，可以说老年服务礼仪贯穿渗透在这些老年服务工作的各个环节。老年服务礼仪在其中的任何一个环节出了差错，都会影响整个老年服务工作的开展。因此

只有在每个环节都严格按照老年服务礼仪开展工作，提高整个老年服务行业的礼仪素养，才能更好地为老年人服务。

三、老年服务礼仪的功能

（一）教化功能

礼仪是人类社会进步的产物，是传统文化的重要组成部分。礼仪蕴含着丰富的文化内涵，体现着社会的要求和时代精神。礼仪通过评价、劝阻、示范等形式纠正人们不正确的行为习惯，指导人们按礼仪规范的要求协调人际关系、维护社会正常生活。对老年服务从业人员而言，礼仪可以将其教化为无论在姿态、穿着还是在语言表达等方面都很得体的人。同样，这种穿着适当、举止优雅及语言得体的老年服务从业人员在展示自身精神面貌的同时，还可以帮助老年人树立健康积极的人生态度，影响老年人对待晚年生活的态度，甚至可以帮助部分老年人摆脱因无聊、孤独等心理问题而养成的一些不良生活习惯。

（二）沟通协调功能

在人际交往中，礼仪具有传递信息沟通协调的功能。恰当得体的礼仪，能向交往对象更好地表达自己的尊重、友善和敬佩等信息。得体的妆容、善意的问候、热情且亲切的微笑、恰当的称呼、自信的举止等，不仅能唤起人们沟通的欲望，而且能促成交流的成功。

礼仪中的一些约定俗成的规范约束着人们的行为。如果人们在交往中都按照这些约定的规范行事，能在很大程度上促成人与人之间相互尊重，避免不当行为带来的不必要的情感冲突，有利于建立和谐友好的合作关系。

如果一位老年服务从业人员举止优雅、穿着得体、妆容恰当、语言温和，无疑会受到老年人的欢迎和喜爱。在实际工作中，这些不仅能彰显个人的修养，更能拉近与老年人之间的距离，为与老年人有效沟通打下良好的基础。老年人随着年龄的增大，一些生理功能退化，社会角色也发生转换，进而会产生一些诸如孤独、焦虑、无助等不良情绪。而作为老年服务从业人员，在与老年人沟通时如果能从老年人的生理、心理特点考虑，沟通时发挥礼仪的沟通协调功能，主动、关切且尊重老年人，则更易达到预期的沟通效果。

（三）塑造功能

礼仪讲究重视内在美与外在美的统一。礼仪指导着人们加强内在修养，不断充实和完善自我。礼仪的塑造功能，能使人们的心灵越来越美，谈吐越来越得体，举止越来越优雅，穿着越来越适宜，时刻彰显着恰当的社会风貌和时代特色。因此，老年服务从业人员在工作中须注重自己的形象，最好能设计规范的个人形象示人，以便更好地、更充分地展示个人的良好教养与优雅的风度，也更有利于拉近与老年人之间的距离。

(四) 维护功能

礼仪对社会秩序有一定的维护作用。礼仪作为社会原则,对人们的行为有很强的约束力。社会的发展与稳定,家庭的和谐与安宁,同事之间的合作与信任都离不开礼仪原则的约束。人们越讲"礼",社会便越和谐稳定。在具体的老年服务工作中,常常会产生一些摩擦、口角甚至争斗等,究其原因,有些是由于对礼仪原则的不在意而导致的。如果老年服务从业人员在工作中随时注意礼仪原则,便更能得到老年人的好感,有利于维护或创造和睦友好的人际环境。

任务三　理解老年服务礼仪的原则与本质

一、老年服务礼仪的原则

目前,我国老年服务行业的礼仪建设处于重实践、轻理论,重结果、轻过程,重行为、轻思想的状况。鉴于此,我们提出以下老年服务礼仪原则,希望老年服务从业人员在把握原则的基础上,能逐渐完善老年服务礼仪理念,使老年服务礼仪整体水平有所提高。老年服务礼仪有六大原则,分别是尊重原则、审美原则、知行合一原则、反躬自省原则、和谐原则、适宜原则。

(一) 尊重原则

尊重是一种庄重、严肃、认真、诚实的态度。在老年服务工作过程中,老年服务从业人员对老年人的尊重,是自身良好品质和素养的体现,也是建立良好人际关系的基础,否则将是失礼甚至失职的表现。比如我们在公共场合遇到老年朋友,我们要首先向其施礼问安,在乘坐公共交通工具碰到行动不便的老年人,我们应礼让三先。如果与老年人发生摩擦,应当"退避三舍",主动找自己的问题。尤其是当遇到个别记忆力减退、身患重病的老年人时,更应该对其多一份体谅,多一些耐心,多一点关心。总之,老年服务从业人员要将对老年朋友的"尊重"渗透在日常生活和工作习惯中,展示于动人的微笑、优雅的体态、清新自然的职业妆容、得体的礼貌语言和基本的人际沟通能力中。

(二) 审美原则

礼仪具有美的属性。不论是内在的礼仪思想,即对别人的尊重,还是外在的礼仪行为,即谦虚谨慎的态度、文明礼貌的语言、优雅得体的举止等,都是美的表现形式。老年服务礼仪也应秉承礼仪对美一贯的追求,要求从业人员在体态上"头容正""肩容平""背容直""坐立行",这既符合人们的审美原则,又关照了有益身体健康这一诉求,更重要的是让老年人感受到一种美的享受和服务,从而带来心灵和精神的满足。

(三) 知行合一原则

我国素有礼仪之邦之称,礼仪知识更是理论精深体系博大。因此,老年服

务从业人员在工作中一方面要充分利用图书、广播电视、网络课程等形式，全面系统地学习老年服务礼仪以及先进的服务艺术，另一方面要将知识与实践有机地结合在一起，通过实践行动培养良好的礼仪修养与道德品格。一边学习老年服务礼仪和服务艺术，一边坚持实践，身体力行，真正做到知行合一，并最终在实践中检验和丰富老年服务礼仪和服务艺术，用优质服务赢得老年人的赞誉。

（四）反躬自省原则

在老年服务工作中，要反躬自省，若发现问题要及时改正，将学习服务礼仪和服务艺术的方法运用在工作中。在具体运用和实施老年服务礼仪时，要着重解决两个问题。一是要摆正位置，以老年人满意为服务宗旨，尊重老年人的宗教信仰、风俗习惯，保护他们的合法权益。如果遇到分歧，应多沟通，体谅老年人的难处，主动听取他们的意见，积极配合，以礼相待。二是要善于调整心态，保持身心健康。老年服务行业的特点需要其从业人员善于调整心态，能保持身心健康，身心健康也是良好礼仪修养的表现之一。特别就心理健康来讲，老年服务从业人员应具备健康的心理状态，即在工作中有自觉性、自制性、坚韧性和果断性等四个方面的统一。处事沉着冷静，有条不紊；处理复杂关系时要机智、灵活、友好协作；处理老年人的不满投诉时要干脆利落，合情、合理、合法。

（五）和谐原则

和谐是礼治秩序形成的最终的形态，工作中始终注意营造和谐氛围应是广大老年服务从业人员共同追求的目标。老年服务从业人员要遵守服务礼仪中的和谐原则，对老年朋友多一些包容，多一份关爱。根据自身的分工，将行为约束在礼仪原则中，各就其位，各尽其职，努力为老年人提供优质的服务，建立和谐文化氛围，以融洽的服务关系，促进老年服务机构的可持续发展。

（六）适宜原则

在从事老年服务工作时要注意适宜原则的运用。比如，在与老年人交流时，既要考虑到一些老年人听力退化，说话时要大点声，但又要注意语调不能过高、过尖，以免对老年人造成刺激；又如，有些老年人爱唠叨，而老年服务从业人员可能还有别的工作要做，因此在倾听的时候要学会在必要时转移话题，而不是表现出不耐烦或粗暴地打断老年人的话。

二、老年服务礼仪的本质

老年服务礼仪是职业礼仪中的一种，它是指老年服务从业人员在工作中普遍共同遵守的职业服务规范。关于老年服务礼仪的本质有以下几种理解。

（一）诚信论

诚实守信是职业道德建设的重要规范，是所有从业人员在职业活动中必须而且应该遵守的行为准则，它涵盖从业人员与服务对象、企业与职工、企业与企业之

间的关系。随着我国老龄化的加快，各大企业都看到了这一行业的发展前景，纷纷加入老年服务行业，行业中各企业竞争激烈。对于老年服务机构而言，如果在企业发展过程中失去诚信，一味走歪门邪道，其结果必然是被淘汰。对于具体的老年服务工作而言，老年人更看重诚信这一可贵品质，也更喜欢诚信的人和企业，他们更容易被老年人接纳，老年人更愿意把晚年生活交给他们打理。

（二）服务论

服务论认为老年服务礼仪的本质就是满足老年人的需求，为老年人提供优质服务。老年人对服务水平和质量的评价不但取决于为其提供的硬件设施环境，更多的是来自其内心的感受，即幸福感。

老年人幸福感是指老年人在物质和精神上获得满足的心理体验，是实现人生目标的快乐满足心态，是生命价值和生存意义的实现。老年人的幸福可分为物质幸福、社会幸福和精神幸福。物质幸福指老年人的物质需要和生理需要得到满足，健康长寿；社会幸福指老年人平等享受权利和自由，得到归属和爱的满足；精神幸福则指老年人审美需要和自我实现需要的满足。服务论认为老年服务礼仪就是围绕着为老年人提供物质幸福、社会幸福和精神幸福三者进行的，只有老年人物质幸福、社会幸福和精神幸福三者的充分实现，才是老年人幸福的最终实现。

（三）制度论

制度论认为老年服务礼仪是一种管理制度，这种制度区别于一般的管理规则，既有强制性，又有自觉性。一方面，老年服务礼仪需要用制度形式规范老年服务从业人员外在的行为和表现。另一方面，老年服务礼仪要求老年服务从业人员要以尊重老年人为根本，并将此灵活运用在老年服务的管理过程中。

（四）文化论

文化论认为老年服务礼仪是老年服务文化价值的彰显。文化论的发展与老年服务行业激烈的竞争有关。当物质竞争与资源竞争已没有太大运作空间时，探求老年服务的文化价值，便成为许多老年服务企业新的竞争策略，而老年服务礼仪正是老年服务文化价值的彰显。

任务四　把握老年服务礼仪与老年服务伦理的区别与联系

一、老年服务礼仪与老年服务伦理的区别

（一）老年服务礼仪是外在影响，老年服务伦理是内在要求

礼仪是制度化了的外在伦理要求，是人们行为举止、人际关系、交往方式等

的标准和尺度。礼仪不仅是伦理的体现，也是伦理的重要内容，脱离了规范和约束人们行为的礼仪，伦理也就无从谈起。

伦理是礼仪的精神内核。伦理是抽象的，它通过礼仪表现出来。

老年服务礼仪是老年服务伦理的具体化，是在老年服务伦理基础上形成的一整套具体的完整的规则，具有可实践性，是一种外在影响。老年服务伦理是抽象的精神层面的意识，它以潜移默化的方式内化为老年服务从业人员的观念和认知，对老年服务从业人员甚至整个老年服务行业具有深刻的影响。

（二）老年服务礼仪和老年服务伦理的评价标准不同

老年服务礼仪是以美丑为评价标准，它能使老年服务从业人员的个人形象和内在修养日臻完美。老年服务伦理的评价标准较为抽象，是以善恶为标准，主要通过舆论、良心、习惯、榜样感化和思想教育等手段，使人们形成正确的善恶观念。

二、老年服务礼仪与老年服务伦理的联系

（一）老年服务礼仪是老年服务伦理的外在表现

礼仪作为调节人与人之间交往活动的行为规范，在伦理规范体系中占有重要的地位，是一个人内在伦理品质和文化修养水平的外在表现。一个人的语言表达、仪容仪表、气质态度、行为举止等可以体现其礼仪素质，同时也体现一个人的伦理认识水平和修养程度。就老年服务行业来说，其礼仪的提升和完善是提升和完善老年服务工作伦理水平的基本途径。

（二）老年服务伦理是老年服务礼仪的深层内涵

不同时代，经济发展水平不同，人们的交往形式也不同，但礼仪可以通过公认的适应当时经济政治水平的社会规范和准则反映人们最基本的伦理诉求。在具体的老年服务工作中，老年服务从业人员良好的仪表仪态、诚心诚意的态度、彬彬有礼的行为，表现的是与人为善的态度，善良的人性，高尚的人格等老年服务伦理品质。而老年服务从业人员在学校的学习就是从基本的文明礼貌入手，培养良好的形象、得体的行为举止和高尚情操，从而使老年服务从业人员自身形成具有较强约束力的伦理力量，使他们在工作中能够按照老年服务礼仪的要求调整自己的行为，成为一名合格的老年服务从业人员。

总之，失去了以老年服务伦理精神和伦理品质培养为内容的老年服务礼仪教育会成为拘于形式的繁文缛节，离开了老年服务礼仪的老年服务伦理只能纸上谈兵。

人物案例

让老人的生命在爱中得到延伸

从入职敬老院的第一天起，小孙就决定要把老人当亲人护理，她说："看到这里的老人，我知道他们的现状就是我们的将来，护理老人，我们要不怕脏、不怕累，要有耐心、爱心和孝心。"她以自己的实际行动践行自己的誓言，工作上勤勤恳恳，兢兢业业，每天主动、细致地为老人提供优质服务，为老人排忧解难，不辞辛劳地照顾老人的日常起居——梳头理发，换洗衣服，端屎端尿，喂饭送药……不厌其烦，日复一日。

为了让老人生活得更有品质，小孙每天换着法子为老人安排不一样的食谱。老人们都说自打她进来后，伙食种类多了，味道也好了。小孙就是这样从细节入手，用她的孝心、耐心和爱心服务老人、感动老人，获得了老人与家属的高度赞扬。

敬老院的工作重点是照顾好老人的衣食住行，目标是使老人生活满意、幸福，小孙围绕这一重点和目标，把态度热情当作第一要求，把主动服务当作工作目标，积极为老人排忧解难。把老人当亲人是她的工作宗旨，对那些丧失自理能力的老人来说，仁爱温和如亲人般的关怀，有时甚至比药物更为重要。小孙带领护理部的护理员，尽职尽责，默默地为老人奉献自己的爱心。在她的精心护理下，有的老人恢复了肢体功能，有的老人从生命边缘顽强地走过来，老人的生命在爱中得到了延伸。

思考：

1. 小孙是如何得到老人的信任与喜爱的？
2. 小孙的做法在践行着老年服务礼仪的什么原则？

模块二

老年服务仪容礼仪

学习目标

1. 了解和把握老年服务仪容礼仪内涵。
2. 树立正确的理念，在老年服务过程中保持干净整洁的仪容。
3. 能够运用合理的修饰方法，打造得体的妆容，提升老年服务从业人员的职业形象。

- 任务一　了解老年服务仪容礼仪的内涵
- 任务二　打造干净整洁的仪容
- 任务三　保持得体的仪容修饰

案例导入

养老护理员手卫生状况

有调查显示，养老护理员手卫生知识、态度和行为总体处于低位水平；养老院护理员手卫生依从性低。影响护理员执行手卫生措施的主要因素有：手卫生知识存在误区、对待手卫生态度不积极等。养老机构应有针对性地提供手卫生促进措施，以减少养老机构内感染发生。

问题讨论：

1. 养老护理员的手卫生状况与老年人的健康有何联系？
2. 导致养老护理员的手卫生状况不佳的根本原因是什么？
3. 改善养老护理员的手卫生状况及整体仪容应从哪些方面入手？

人们对一种事物从认识到判断评价往往会经历看到、听到、感觉到进而作出判断的一系列过程。“看到”是对事物认识和评价的基础。在日常生活中，评价一个人或一种事物时，“看到”发挥着非常重要的作用。在老年服务过程中，每位从业人员所展露的仪容都会引起服务对象的特别关注，并将影响服务对象对从业人员的整体评价。老年服务从业人员是否能赢得服务对象的认可与信任，很大程度上取决于服务对象眼中的“我们”。此外，老年服务从业人员的仪容整洁与否还直接影响服务质量和老年人的健康状况。因此，了解仪容礼仪的内涵、树立正确的仪容礼仪观、掌握保持大方得体仪容的方法，是一名优秀的老年服务从业人员应当重点关注并学习的内容。

任务一　了解老年服务仪容礼仪的内涵

一、老年服务仪容礼仪的概念

（一）仪容的概念

仪容是指人的容貌，由发式、面容以及人体所有未被服饰遮掩的肌肤所构成。理解仪容的概念，需要辨析清楚仪容、仪态和仪表三者的关系。第一，它们三者的侧重点不同，仪容的侧重点在容貌，仪态的侧重点在举止，仪表则含有前两者的内容并涵盖服饰穿着方面的内容。第二，三者所指对象有所不同。仪容指的是一个人的容貌，但不单纯指面部形象，它还包括发式以及人体所有未被服饰遮掩的肌肤。仪态是指人在行为中表现出来的姿势，主要包括站姿、坐姿、步态、蹲姿等，它反映了一个人的素养、气质、性格、心理等。仪表则是一个人向他人展示自己修养的直接体现，涵盖了仪态、仪容两个方面。

（二）何为仪容美

仪容美包含三个递进的层次。第一层次是仪容的自然美。每个人天生的仪容各有不同,不论是天生丽质或是相貌普通,若是不能做到干净整洁都谈不上仪容美。仪容的自然美主要要求面部、头发、肌肤做到整洁干净。在仪容自然美的前提下,更进一层的美是仪容的修饰美。它是指依照一定的规范与个人条件,对仪容进行必要的修饰,扬其长,避其短,设计、塑造出美好的个人形象,在人际交往中尽量令自己显得有备而来,自尊自爱。仪容美的第三层次是仪容的内在美。它是指通过努力学习,不断提高个人的文化、艺术素养和思想、道德水准,培养高雅的气质与美好的心灵,使自己达到秀外慧中,表里如一的境界。

仪容美既是自尊自爱,又是对交往和服务对象的尊重与礼貌。

（三）老年服务仪容礼仪的特殊性

老年服务仪容礼仪是指在服务老年人的过程中应当遵守的仪容礼仪规范,因服务对象特殊,老年服务仪容礼仪也具有其特殊性。

老年服务仪容礼仪应当充分考虑老年人的审美观。作为一名养老服务从业人员,面对和服务的主要对象是老年人,为了让老年人在被服务的过程中获得美的视觉体验,增加对服务人员的认可和信任,老年服务从业人员在仪容礼仪上应当充分考虑老年人的审美观。一个人的审美观是在社会实践中形成的,和政治、道德以及社会实践发展的整体水平有密切关系。受以上诸多因素的影响,大多数中国老年人的审美观较为传统朴素,他们普遍接受“女性柔美、男性阳刚”的性别审美标准。含蓄朴素、大方得体的外在形象比时髦化和个性彰显的形象往往更受老年人青睐。老年服务从业人员应当在尊重老年群体审美观的基础上,设计、打造适合自身特点也符合老年人审美的仪容。

老年服务仪容礼仪应当充分考虑老年服务工作的便利性。仪容礼仪既是塑造外在形象的需要,也是服务工作的需要,仪容应为服务工作提供便利而不是产生阻碍。简洁的发型、淡雅的妆容、干净整洁的四肢更有利于提供生活照料、健康护理等老年服务。

老年服务仪容礼仪应当充分考虑与职场环境的协调性。仪容的打造不仅要应人、应时,还需应景,养老服务从业人员的形象应与养老服务机构的理念、风格相一致,才能由内而外使组织和个人得到服务对象的充分信任。

二、老年服务仪容礼仪的重要性

（一）良好的仪容是企业和团队形象的展示

养老服务机构的形象不外乎两个方面：其一是提供的服务质量,其二是员工的形象。在员工形象中,仪容是重要的外在表现,它在一定程度上体现了养老机构的服务形象。老年服务从业人员的职责是向老年人提供服务,老年人会对服务人员的仪容礼仪留下很深的印象,而“印象”的产生直接源于一个人的仪

容仪表。良好的仪容礼仪往往能让人产生美好的印象，从而对企业和团队产生积极的宣传作用；反之，不修边幅的仪容或不适当的仪容往往会让老年人怀疑其专业性，即使有热情的服务和高端的设施，也无法在第一时间给老人留下美好的印象。因此，注重仪容美是养老服务从业人员的必备素质。

(二) 良好的仪容是老年服务从业人员自尊自爱的表现

随着老龄化社会的到来，我国对老年服务从业人员的需求量明显上升，越来越多的青年一代踏入老年服务工作的行列，但目前社会对这个行业仍存在偏见，加之劳动强度大、工作时间长等原因，从业人员的流失也十分严重。根据马斯洛的需求层次理论，每个人都有尊重自我的需要，也想获得他人的关注与尊重。老年服务从业人员也有尊重自我的需要，所以应注重个人仪容，从个人形象上表现出自己良好的修养与蓬勃向上的生命力，自尊自爱、不卑不亢，才有可能受到社会和服务对象的称赞和尊重，才会对自己的形象和职业选择感到更加的自豪和自信。

(三) 良好的仪容是尊重老年人的体现

仪容是个人外在形象的重要环节，我们在近距离与人接触时，关注最多的是对方的面容以及面部表情。见微而知著，在人际交往中，仪容就是一张不说话的活“名片”。良好的仪容是成功交谈、建立和谐人际关系的开端。它往往先于语言给人一个鲜明的印象，对语言交际的顺利开展和优化起着不可估量的作用。随着年龄的增长和社会贡献价值的下降，老年人的心理变得更加谨慎、脆弱，并具有强烈的被尊重、被认可的需求。整洁大方的仪容不仅可以展现服务人员的专业素养和综合素质，更能体现对服务和服务对象的重视。一个注重仪容的老年服务从业人员，在他还没同老年人打招呼和交谈之前，就能让老年人对他产生好感，愿意亲近他，同他攀谈，感到自己的身份地位得到了应有的承认，求尊重的心理也会获得满足，这便为信任关系的建立打下良好基础，对老年服务从业人员开展好服务工作至关重要。

(四) 良好的仪容有利于建立和谐的人际关系

虽然说“人不可貌相”，但是人的外表在待人处事中还是起到了十分重要的作用。一个人的仪容在人际交往中最容易被对方直接感受，其所反映的个性、修养以及工作作风、生活态度等个人信息将决定对方对其的心理接受程度，继而影响双方的进一步沟通与交往。可以说，仪容美是成功人际交往的基石，在一定程度上满足了人们爱美、求美的共同心理需求。

(五) 良好的仪容是管理水平和服务质量的保证

一方面，仪容礼仪体现的不仅是个人形象，更是团队和企业的形象。老年人及其家属一般会认为，一个在仪容规范上管理有素的团队，其团队意识和服务规范性也常是训练有素的。老年服务从业人员的仪容反映一个机构和团队

的管理水平和服务水平，已经有许多养老机构将仪容礼仪考核纳入员工服务质量考核标准中。另一方面，目前，养老机构的设施、设备等硬件已大为改善，日趋完美，服务质量的优劣便更多地体现在服务人员的素质和服务水平上，而老年服务从业人员的仪容恰好在一定程度上体现了个人的素质。同时，由于老年服务工作的特殊性，在工作过程中面部和四肢常与老年人有近距离接触，其干净整洁程度直接关乎老年人的健康，因此服务质量与仪容规范有着密不可分的关系，这便对老年服务从业人员的仪容礼仪提出了更高的要求。

任务二　打造干净整洁的仪容

一、头发的清洁与保养

（一）洗发

头发应当勤于清洗，作用有三：一是有助于保养头发，二是有助于消除异味，三是有助于清除异物。若是对头发懒于梳洗，弄得蓬头垢面，满头汗馊、油味，发屑随处可见，甚至生出寄生物来，是很败坏个人形象的。

每个人应根据自己的发质，以及季节和活动空间的不同，选择每周的洗头次数。油性发质者，由于皮脂排泄旺盛，头发油腻厚重凝聚，容易打结，不柔顺，因此油性发质者夏天应隔天或每天洗发，才能保证头发的清洁与健康，冬天可适当将间隔增加一两天。对于中性或干性发质者，清洁头发的频率可调整为夏天每 2 天一次或者每 3 天一次，冬天约 4～5 天一次，如气温升高或经常在户外运动者，头发容易受到强烈的紫外线和空气中粉尘的刺激，为避免发质受损，也可适当增加洗头频率。对于脱发患者，除非是脂溢性脱发者，否则建议减少洗头次数，原因有两个，一是脱发者本身处于退行期和休止期的头发数量庞大，洗头太频繁会让头发掉得更快，产生心理压力；二是脱发者的头发比较脆弱，在洗头过程中容易断发。脂溢性脱发者，可以 2 天洗一次头，普通脱发者，3～4 天洗一次头也是可以的。需要注意的是频繁洗头时更应避免使用碱性过大的洗发水，以免将油脂彻底洗掉，使头皮和头发失去了天然的保护膜，反而对头发的健康不利。

洗发也是有要领的，洗发的方法正确与否直接影响头发的健康，因此，我们要养成正确的洗发习惯，才能起到养护头发的作用。要洗好头发，必须注意以下几点。

1. 简单梳理头发

每次洗发之前，应当花点时间将头发先梳一梳，将打结的部分解开，梳发的目的在于将头皮上的污垢与头发的污垢先梳落，但要注意不要太用力地拉扯头发，以免损伤发根。

2. 注意水的选择

洗涤头发的水温很重要，水温过高会损伤头皮，导致头皮油脂的脱失，也会

让发丝暗淡干燥，水温过低也容易刺激头皮。洗发宜用40℃左右的温水，既有助于清洗头发上的污垢，还可以扩张皮肤毛细血管和真皮浅层血管，使汗孔开放，促进代谢废物排泄。

3. 选用适合自己的洗发水和护发素

选择洗发液时除了要考虑适合自己的发质外，还应考虑去污性、柔顺作用、刺激小、易于漂洗等因素。专业理发师建议，应当根据头皮问题选择洗发液，根据发丝问题选择护发素。

4. 注意洗头的姿势

洗发的过程中，最好是保持脸部朝上的姿势，用喷头从顶部开始用大量的水弄湿头发，让水顺着头发流下，这样可以让污垢更易被冲走，也能够减少因为长期脸朝下而出现皱纹的情况。

5. 注意洗发的程序和手法

应当完全湿发后再涂洗发水，注意不要直接把洗发水倒在头上，应当先倒在手心里，揉搓均匀之后再涂抹到头皮和头发上。洗头过程中不要用指甲抓头皮，也不应大力揉搓头发，避免对头皮和发丝造成伤害，正确的做法是用指腹轻柔按摩头皮。冲洗时，也应用手轻轻捋直头发，切忌像拧衣服一般拧头发。洗头时洗发液最好在头发上停留一段时间再用清水彻底清洗。清洗一遍之后如果觉得清洁效果不理想，可用洗发液按以上方法再清洗一遍。头发清洗干净后，为了保护头发，应避开头皮在发梢涂上一层护发素。洗发时一定要冲洗干净，以免洗发液和护发素残留，伤害头发和头皮。

6. 干发的方法和步骤

弄干头发时，千万不要扯拉头发。第一步，用吸水性较强的毛巾将头发包裹吸得半干。第二步，当头发不再滴水时，从发梢开始用手指将头发捋开，再用宽齿的梳子将头发梳顺。第三步，用吹风机开冷风档顺着头发生长方向将头发吹干或吹到七成干左右后让头发自然风干。切忌不能在头发未全干时睡觉，因为未全干的头发毛鳞片呈打开状态，与枕头的摩擦会对头发造成伤害，导致头发毛躁。

(二) 梳发

梳发，是保持干净整洁的职业形象不可缺少的日常修整之一。梳发可以去掉头皮及头发上的浮皮和脏物，并给头皮以适度的刺激，促进血液循环，使头发柔软且有光泽。

梳发需要注意以下三点。

1. 选择适当的工具

梳理头发，不宜直接使用手指抓挠，而应当选用专用的头梳、头刷等梳理工具。其选择标准是不会伤及头发、头皮。

2. 掌握梳理的技巧

梳发不仅是为了将其理顺，使之成型，而且也是为了促进头部血液循环与皮脂分泌，提高头发与头皮的生理机能。要做到这一点，就必须掌握必要的梳

发技巧。例如，用力要适度，不宜过重过猛；梳子应顺着同一个方向梳理，不宜来回往复，等等。

3. 勿在公共场合梳发

梳发是一种私人性质的活动。若是“当众理云鬓”，在外人面前梳理自己的头发，使残发、发屑纷纷飘落的情景尽落他人眼底，是极不礼貌的。

二、面部的清洁与保养

（一）面部清洁的原则

1. 洁净无污垢

面部的干净，其标准是无灰尘、无污垢、无汗渍、无分泌物、无其他一切不洁之物。要做好这一点，须养成勤于洁面的良好习惯。一般，外出归来、午休完毕、用餐结束、流汗流泪、接触灰尘之后，均应及时清洁面部。在洁面时，要耐心细致，面面俱到，尤其不要忽略耳朵和颈部的清洁。

2. 卫生无病菌

这要求在进行个人面部清洁时，要认真对待个人面部的卫生健康状况。面部的卫生状况不佳，是极易使服务对象产生抵触情绪的，如有传染性病菌甚至可能影响他人健康。服务人员一旦出现了明显的面部过敏性症状，或是长出了痤疮、疱疹，或是因流感导致喷嚏、鼻涕不停的状况，务必及时去医院治疗，切勿任其发展或自行处理。治疗期间，一般不宜直接与老年人或其他同事进行正面接触，最好暂时休息或者暂时调岗。

（二）正确的洁面步骤和方法

清洁皮肤不仅要清洁皮肤表面的油光和灰尘，更要去除毛孔深处的污垢，才能使皮肤由内而外地散发出健康的光彩。每天正常的洗脸次数最好为三次，除早晚以外，中间应增加一次。户外活动时间较长或者应工作场合需要，也应该适当增加洗脸的次数。当然还要考虑肤质、年龄和季节等因素。干性、敏感性肤质和年龄偏大者，应适当减少洗脸次数。

正确的洁面步骤和方法如下。

第一步，清洁双手。由于双手在生活中和工作时最易沾染灰尘和细菌，所以清洁面容前先应洗净双手，使用中性或微碱性的洗手液清洁手心手背，保持手掌的柔软和湿润，以便进行接下来的步骤。

第二步，冲掉面部尘垢。先用清水洗净脸上附着的灰尘污垢，润湿面部，才能让后续洗面奶发挥更好的功效。

第三步，热敷面部。准备一盆热水，水温以稍微有点烫手为宜，把毛巾放入热水中充分浸热，拿出，轻轻拧去多余的水分，打开毛巾轻轻盖在脸上，用手指将毛巾轻轻往下压，令毛巾贴紧面部和眼部肌肤，停留约 30 秒，促进面部血液循环，使面部毛孔充分张开。睡前洁面可采用这一步骤，其余时候则可省略。

第四步，按摩洁面。将足量的洗面奶挤压到手心，加入 2～3 滴清水，双手

搓揉出丰富泡沫，再在脸部轻轻地画圈按摩。对于额头、鼻翼这些容易出油和纳垢的地方，需要加长清洁时间，深度去污除垢。但不宜用力揉搓，虽然越用力就会越干净，但是为了抵抗外来侵略，肌肤会由柔软变得坚硬，长出厚厚的角质层。

第五步，冲洗面部。冲洗面部最好用流动的温水，冲洗时要注意由中心向四周，由上到下，冲洗同时可用指腹轻拍面部，双手用力适度。

（三）五官的清洁标准

眼部应做到无眼屎、不充血。耳郭、耳根应做到无灰尘，耳孔内应无分泌物。鼻部应保持鼻腔干净，如有鼻涕或别的东西充塞鼻孔，宜选择在无人的地方以手帕或纸巾辅助，轻声清除鼻涕或异物，切不要将此举搞得响声大作，令人反感。口部一方面是保持牙齿的清洁，坚持刷牙，减少口腔细菌，清除牙缝里的食物残渣。正确有效的刷牙应做到“三个三”，即每天刷三次牙，每次刷牙宜在餐后三分钟进行，每次刷牙的时间不应少于三分钟。另一方面，口部还应避免口腔异味。老年服务从业人员在工作岗位上，为防止因为饮食的原因而产生的口腔异味，应避免食用气味过于刺鼻的食物，主要包括葱、蒜、韭菜、腐乳、虾酱、烈酒以及香烟等。如因肠胃原因产生口气，可以使用漱口水和口香糖等去除气味，但切不可在他人面前嚼口香糖。此外，男性应养成每日上班之前剃须的习惯，保持面部的整洁。

（四）问题皮肤的应对

常见的问题皮肤有哪些？我们又应当如何应对呢？

1. 敏感性皮肤

敏感性皮肤以女性见多，由于天生皮肤薄、嫩，或者皮肤护理不当使得面部皮肤的屏障功能受到破坏，在遇日光、高温、风沙或化妆品使用不当后，容易出现发红、发痒的症状。针对肌肤敏感问题，首先应当找出原因，避免敏感问题的诱发因素，其次注意清洁皮肤的水温，避免对皮肤产生过度刺激，不宜频繁使用清洁类产品，以免破坏原本就很脆弱的皮脂膜，同时选用敏感肌肤专用的医学护肤品，远离香料、色素及防腐剂，从而减轻过敏反应。

2. 油脂性、痤疮（青春痘）性皮肤

有的人皮脂分泌旺盛，容易造成面部毛囊皮脂腺炎症性疾病。生活压力大，环境污染，电脑等电器辐射，食品安全、缺乏锻炼等原因也可能导致痤疮频发。应对这类皮肤问题，首先应做好日常清洁措施，在洗面奶的选择上，应该挑选质地比较温和、清洁度稍强的。同时，要注意及时补水。洗完脸后，应该尽快在脸上拍上爽肤水，为皮肤补充水分，避免因皮肤缺水导致分泌出更多的油脂。护肤品的选择上，选择专门针对这类皮肤的护理产品，可以起到柔和地清洁皮肤以及减轻炎症的作用，还可以改善某些治疗作用较强的药物的刺激反应。最后，在饮食上应尽量健康清淡，避免过于辛辣和刺激性的食物，减少烟酒的摄入。

3. 斑点皮肤

皮肤上的斑点常见的有雀斑、黄褐斑、妊娠斑等，新陈代谢、遗传、日晒、内分泌和激素变化都可能导致产生斑点，斑点一旦形成则很难消除。应对斑点皮肤，避免斑点范围的扩大，可从以下方面入手。一是多吃水果、蔬菜等富含维生素的食物；二是给皮肤补充足够的水分；三是做好防晒工作，避免因日晒导致黑色素更活跃，斑点生长迅速。

（五）皮肤的日常保养

1. 养成良好的饮食和生活习惯

人们日常的饮食能够左右皮肤的状态。应该多食用富含水分和维生素的天然食品，同时还要保证每天饮用 2000 毫升左右的白水，这样才能使皮肤饱含水分变得健康有弹性。充足的睡眠是保证健康体魄的基本要求，也是保养皮肤的有效方法之一。充足高质量的睡眠，能够保持人体正常的新陈代谢，从而使皮肤充分地吸收到营养，能够令皮肤既富有弹性又有光泽。规律的作息、健康的饮食是保持良好皮肤状态的首要条件。

2. 坚持锻炼身体

加强体育锻炼，除了有助塑造身形外，更是获得健康皮肤的最佳途径之一。运动能够提高身体的血液循环，将更多的氧气和营养输送到皮肤，令皮肤容光焕发。众所周知，自由基是皮肤老化的最大元凶，运动还有助减少自由基，提高身体抗氧化的能力。运动还有利减轻压力，帮助人们恢复健康乐观的心态，从而有益于皮肤的状态。

3. 及时卸妆

适当的妆容可以修饰面容，提升气色，但切记不要忽略卸妆。化妆品残留会导致毛孔堵塞、加速皮肤老化、色素沉积等。因此，在洁面前应当使用专用的卸妆产品将化妆品残留彻底清除，再使用洗面奶洁面。

4. 定期去角质层

角质层是我们最外层的皮肤组织，代谢周期约为 28 天。健康正常的角质层具有保护皮肤、锁住水分的功能。如果在正常的代谢期它没有完全脱落离开皮肤，那么久而久之角质层就会慢慢堆积，导致各种症状出现。定期去除老化角质层可以起到促进护肤品吸收、缩小毛孔、改善粗糙、预防粉刺等作用。

5. 注意防晒

众所周知，紫外线会给皮肤带来极大的伤害，需要注意的是，防晒不应当只停留在夏天和户外活动时，一年四季都应当做好防晒工作，才能保护皮肤不受紫外线的伤害。

三、四肢的清洁与保养

人的四肢既是劳动的工具，也是展示自我风采和魅力的载体，任何优美的体态语言都离不开四肢的和谐运用。在老年服务工作中，四肢的清洁与否不仅关系老年服务从业人员自身的健康，而且关系服务对象的身体健康。这就要求

老年服务从业人员不仅要合理地修饰自己的手臂和腿脚，以保持良好的职业形象，而且要保持四肢的清洁，以保证服务的安全卫生。

(一) 上肢的清洁

在日常工作中，上肢特别是手部是接触他人和物体最多的部位。上肢的清洁要做到真正的无泥垢、无污痕，除了手部的烟迹必须根除之外，其他污渍，如手上所沾的墨水、印油、酱汁、油渍等污垢，均应清洗干净。在工作岗位上，每一位老年服务从业人员都要谨记双手务必做到“六洗”：一是上岗之前要洗手，二是弄脏之后要洗手，三是接触精密物品之前要洗手，四是接触入口之物前要洗手，五是上过卫生间之后要洗手，六是下班之前要洗手。另外，如遇到有特殊要求的场合，还应按照规定戴好手套。

老年服务从业人员的手指甲，通常不宜长过指尖，要养成每周至少修剪一次手指甲的良好习惯，并且要坚持不懈。指甲周围的死皮也应及时剪除。

另外，还须注意，在工作时不可掏耳孔、抠鼻、剔牙、搔头发、抓痒痒、脱鞋，或是双手四处乱摸，抓捡地上的物品等，这都是极不卫生且不雅观的。

(二) 下肢的清洁

下肢的清洁若掉以轻心，就会出现“凤凰头，扫帚脚”的不雅形象。下肢的清洁，应特别注意三个方面：首先要勤洗脚；其次要勤换袜子，最好做到每天换洗一双袜子，注意不要穿不易透气、易生异味的袜子；最后还要定期交替更换鞋子，在穿鞋前，务必细心清洁鞋面、鞋跟、鞋底等处，若是穿皮鞋，则应定期擦油，使其锃亮光洁。

(三) 四肢的保养

1. 选择温和的清洁用品

日常生活和工作中，我们难以避免会接触各种清洁品，比如洗面奶、香皂、肥皂、洗衣粉、洗涤剂等，碱性过强的清洁品会把皮肤表面的油脂彻底洗掉，使得手部皮肤变得更加干燥粗糙。所以在选择清洁品时，应避免选择碱性过强的，尽量选择较温和滋润的产品。

2. 避免使用温度过高的水

用高温度的水清洗四肢会导致皮肤中的水分大量流失，破坏四肢皮肤的油脂分泌平衡，使皮肤变得干燥粗糙，因此用温水或者凉水清洗较好。

3. 定期去角质层

四肢相对于面部皮肤，更需要去除角质层，尤其是足部。四肢粗糙的原因之一就是角质层过厚，可以先用温热水浸泡四肢，然后用磨砂膏轻轻按摩去除角质层。

4. 使用护手霜和护足霜

作为老年服务从业人员，手部因为工作的原因使用较多，容易干燥和粗糙，

因此除要求绝对洁净的工作情形外，应在洗手后及时擦上舒缓修护的护手霜。冬天时或觉得足部干燥时，也应涂上护足霜滋润足部肌肤。

任务三　保持得体的仪容修饰

一、头发的修饰

在正常情况下，每个人的头发都会不断地进行新陈代谢，生长不已。因此，为了保持发型的整洁和美观，老年服务从业人员应定期修饰头发。

（一）头发修饰的注意事项

1. 应当定期理发

通常情况下，男士应半个月左右理发一次方可保持发型整洁，女士可根据个人的发型和烫染情况而定，但最长不宜超过 3 个月。

2. 应当慎选理发方式

老年服务从业人员在选择理发方式时，应当以大方简洁为原则，不宜选择过于夸张的造型。比方说，如果打算把自己的头发染得更黑一些，是比较正常的，因为它既是“人之常情”，也符合中国人传统的审美习惯，然而若是执意把自己的黑头发染成红、绿、蓝、紫等色，甚至将其染成数色并存的彩色，则与自己的职业不相符，也容易给服务对象留下此人不靠谱的印象。

3. 应当留意头发的长度

对于男性服务人员，既不宜理成光头，也不宜将头发留得过长。为了显示自身良好的精神面貌，同时也为了方便服务工作，通常提倡将头发剪得稍短为宜。具体而论，头发应前不覆额，侧不掩耳，后不及领，并且面不留须。对于女性服务人员，剪一头干练的短发或者留长发都是可以的。一般，油性发质者宜留短发便于清洁，粗硬发质者则不宜剪短发。应该特别注意的是在工作场合头发长度不宜超过肩部，刘海不宜遮住眼睛，更不宜将自己的一头秀发随意披散开来。

（二）女性服务人员的长发处理

对于留着长发的女性服务人员，为了在工作场合呈现整洁利落的职业形象，通常建议束发或盘发。束发是指用橡皮筋将头发成束捆绑起来。作为老年服务从业人员，束发时应当只扎一束，扎成较高的马尾或者束在后脑勺较低的位置均可，同时注意如有散落的较短的头发，应用黑色发夹将其固定。若采用盘发的方式，应当将发髻盘在头后部居中或偏下的位置，偏左或偏右都不妥。盘发时可采用专业的盘发工具或者发套，要求发髻外形简洁，周围无碎发。若因工作需要戴有工作帽时，应当采用低位束发或者将头发盘好藏进工作帽内。

在处理长发时，有以下几点还需注意：无论是束发或是盘发，都不能使用味

道浓烈的发蜡或其他造型产品，避免给服务对象带来不适；避免使用五颜六色的发夹破坏职业感；在工作期间应避免发丝、头皮屑等散落到老人的食物或药品中。

二、面容的修饰

（一）五官的基础修饰

1. 眉眼部的修饰

人们常说“眼睛是心灵的窗户”，那么对于眉眼部的修饰应当尤为注意。老年服务从业人员应当及时对多余的眉毛进行修剪和刮除，保持整洁不杂乱的眉形。工作场合不应佩戴墨镜或其他有色眼镜。对于近视眼患者，应当选择佩戴隐形眼镜或款式简洁的框架眼镜，避免佩戴款式夸张的眼镜。女性服务人员若有嫁接睫毛的情形，应选择日常自然的款式，不宜选择过度卷翘或过长的睫毛款式。

2. 耳部修饰

有的人由于个人生理原因，耳孔周围会长出一些浓密的耳毛，一旦发现自己有此类情况应及时进行修剪。在工作场合，男性不得佩戴耳饰，女性如要佩戴耳饰，应以一副简洁的耳钉为宜，不得佩戴过多或过于夸张的耳饰品。

3. 鼻部修饰

鼻部修饰主要包括三个方面，一是要经常修剪长到鼻孔外的鼻毛，严禁鼻毛外现；二是对于鼻部周围的“黑头”或“痘痘”的处理，应当及时就医或选择科学的方法将其清除，切勿在公共场合乱挤乱抠，以免给他人带来不适并造成自身皮肤感染；三是严禁佩戴鼻环等饰品。

4. 口部修饰

一是牙齿的修饰。老年服务从业人员平日应不吸烟、不喝浓茶以免牙齿变黄变黑，如已经产生了难以去除的牙斑，应及时到口腔诊所洗牙。二是应有意识地呵护嘴唇，适量涂抹润唇膏使其不干裂、爆皮。

（二）职业妆的打造

1. 职业妆的化妆原则

（1）淡雅。老年服务从业人员在工作时一般只化淡妆。自然大方，素净雅致的职业形象，既与自己的身份相称，也符合老年人的审美观，也更易被老年人认可。

（2）简洁。工作妆应简单明了。一般情况下，主要是嘴唇、面颊和眼部的轻微修饰，对于其他部位不予考虑。

（3）适度。通常不宜采用芳香类的化妆品，如香水、香粉、香脂等，以免给老年人带来不适。

（4）庄重。老年服务从业人员在化妆时应对本人进行正确的角色定位。对于老年人来说，能够接受的妆容以庄重为主要特征。老年服务从业人员若在工

作时化一些流行的妆容，诸如金粉妆、日晒妆、宴会妆等，则会令老年人难以接受。

2. 职业妆的化妆步骤和方法

(1) 洁面和护肤。在正式化妆前，应该对面部进行彻底的清洁并正确涂抹护肤品。护肤品可按化妆水、精华、眼霜以及乳液或面霜、防晒霜的顺序涂抹。

(2) 底妆的打造。作为日常职业淡妆，打底既可以选择隔离、防晒与遮瑕等多效合一的产品，也可以选择普通的粉底产品。若使用普通粉底产品，应当在上粉底前在面部涂抹隔离霜。在粉底的质地选择上，油性皮肤较适合清透的粉底液，而干性皮肤较适合含有滋润成分的粉底霜。在上粉底时，应先润湿粉扑，再用粉扑遵循由上至下、由左至右、由内至外的原则用点拍的方式将粉底均匀涂抹在面部，注意不要忽略眼角、嘴角、鼻翼等区域。

(3) 定妆。定妆应选用定妆蜜粉或粉饼。定妆时，应先用粉扑蘸取适量定妆粉，然后将粉扑对折揉搓使定妆粉均匀分布在粉扑上并抖去多余浮粉，再用按压的方式将定妆粉按压在面部。检查定妆是否做好的方式，是将手背与皮肤接触，感到光滑细腻无油腻感即可。

图 2-1 眉形的三点定位法

(4) 眉的刻画。画眉的工具主要有眉笔和眉粉，眉笔利于描画眉形，眉粉相对于眉笔来说画眉更显自然，应根据自己掌握的熟练度以及自身眉毛的生长情况进行选择。画眉时应当采用三点定位法(见图 2-1)，第一点是眉头，眉头应处在鼻翼与内眼角连线的延长线上；第二点是眉峰即眉毛的最高点，眉峰应位于当眼睛平视前方时瞳孔外侧切线上；第三点是眉尾，眉尾应位于鼻翼与外眼角连线的延长线上。找到眉形基本点之后，用眉笔将三点轻轻连接起来，再用眉笔或眉粉填充内部即可。画眉需要注意两点，一是不论哪种眉形，眉头的高度一定要低于眉尾；二是眉腰到眉峰处颜色应深而实，眉头和眉尾颜色应淡而虚。眉的结构如图 2-2 所示。

不同的脸型适合不同的眉形，常见的眉形有标准眉、平眉、挑眉。一般来说，椭圆脸适合平眉或标准眉，国字脸和圆脸适合挑眉，而长方形脸、三角形脸、倒三角形脸、菱形脸等则更适合平眉。

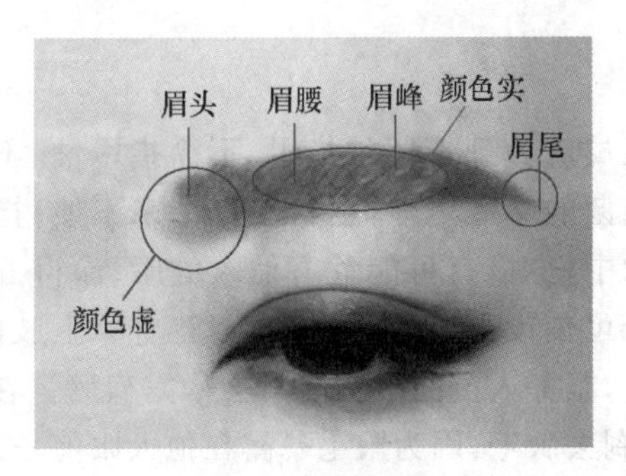

图 2-2　眉的结构

(5) 眼睛的刻画。眼部主要使用眼线、眼影和睫毛膏修饰。对于职业淡妆来讲，眼线不宜过长或过粗，只需沿着睫毛根部细细描画一根眼线即可。眼影的颜色不宜鲜艳夸张，大地色系是职业眼妆的推荐选择。眼影的晕染范围也不宜过宽，尽量不超过上眼睑下三分之二的范围。睫毛膏应选择普通的黑色，彩色睫毛膏不应是职业妆的选择。需要注意的是，在打造职业眼妆时，油性肌肤或眼皮内双的人应当选择防水效果好的眼妆产品，避免晕妆带来尴尬。

(6) 唇部的刻画。唇妆在彩妆中具有画龙点睛的作用，一支唇膏可以迅速改善面部气色，提升人的精神面貌。老年服务从业人员应当尽量选择朴素大方的唇色，珊瑚色系、番茄红色系、自然色系都是不错的选择，同时还应考虑与服装色彩的协调性。唇妆刻画时应当先涂抹润唇膏对唇部肌肤进行打底，再用唇刷上唇膏、唇蜜等。

(7) 腮红和高光、暗影。腮红的颜色应与眼妆、唇妆保持协调。腮红一般涂抹在苹果肌上，即笑起来两颊皮肤最突出的位置。高光应涂抹在额头中部、鼻梁、下巴处。暗影的正确位置则在鼻梁两侧和颧骨外侧以及脸颊最外侧。

职业妆要注意什么？

关于眼影：调和颜色种类和明暗度的技巧对画好眼影非常重要。涂眼影时，不要一下子擦太多，要一次擦上一点点，慢慢加深。明暗度较低的眼影，如浅色、深色或不发亮的颜色，可以用来平衡眼部突出的部位，也可以修饰眼睛的形状；明暗度较高的眼影，如白色、淡色、亮色，可用来以对比的方式强调深陷的部位等。例如，要使眼睛深陷，可在整个眼皮上刷上深色眼影，然后沿着深色眼影往上晕开明亮的显光眼影；若要让眼睛圆一点，可沿着眼皮下陷部位涂深色眼影，然后再沿着深色眼影擦上明亮的显光眼影。

关于腮红：腮红应擦在颧骨上方，可以强调颧骨轮廓。

唇妆：唇部化妆应先用唇形笔描出理想的唇部轮廓，再擦上唇膏，唇膏的颜色应与服装、眼影及腮红协调，以同色系为宜。自然的唇形，给人明朗愉快的感觉。棕红色或褐红色唇膏适合日间上班装扮，能表现出明朗的健康美。

三、四肢的修饰

老年服务从业人员应做到不留长指甲、不涂指甲油、不在手臂上文身。长长的指甲是污垢和细菌的隐匿之地，也给工作带来不便；指甲油中的化学成分一旦掉进食物或药物中，也极有可能危害他人健康；涂得五颜六色的指甲或者华丽的文身更会降低可信度，与职业身份不相符合。上肢的修饰，还应做到腋毛不外露。一般而言，服务人员的工作装不会暴露肩膀。在特殊情况下若有暴露腋下的可能，则应剃去腋毛，因为腋毛暴露在他人眼前是极不礼貌的行为。

模块三

老年服务仪态礼仪

学习目标

1. 能够准确把握在老年服务过程中的基本体态。
2. 能够合理运用自己的表情传递亲切和关爱。
3. 学会专业规范的手势，使服务工作更加标准化。

- 任务一　把握老年服务礼仪的基本体态
- 任务二　展现和蔼可亲的表情
- 任务三　学会使用规范的手势

案例导入

今天是不老松养老院十周年院庆的日子，全院举行了热闹非凡的庆祝晚会。院长把养老院的活动大厅重新布置了一番，特意邀请了老人的家人，还专门请来摄影师，对晚会的盛况进行拍摄，并同时在大屏幕上播放。晚会上，厨师为大家准备了丰盛的菜肴及点心，老人们纷纷展示精心排练的节目，有相声、二胡演奏、唱歌、跳舞等，养老院里一片欢乐祥和。坐在离舞台稍远处的老人们虽然不能近距离观看表演，但大屏幕上的同步播放让老人们对高科技的直播技术连连称赞。

小丽是不老松养老院的一名服务人员，今天她主要负责现场巡逻工作。小丽尽职尽责，虽然表演非常精彩，但她依然没有分心，一直在会场里四处走动巡视。当小丽走到摄影机附近时，她突然发现有一块蛋糕掉在了地上，于是急忙走过去，撅起臀部弯腰就要拾起蛋糕。这时大屏幕上竟然出现了小丽的臀部特写，现场顿时一片哗然，小丽竟全然不知，仍然用纸巾想把地上的蛋糕清理干净，旁边的张奶奶一把拉开小丽，这才稍微缓解了尴尬。

问题讨论：

1. 现场的哗然因何而起？
2. 优雅合理的蹲姿应该是怎样的呢？
3. 得体的仪态举止对于老年服务从业人员塑造职业形象有着怎样的意义？

不同的仪态显示人们不同的精神状态和文化教养，传递不同的信息。冰冷生硬、懒散懈怠、矫揉造作的仪态，无疑有损良好的职业形象。相反，从容大方的仪态，给人以清新明快的感觉；端庄含蓄的仪态，给人以踏实可信的印象。因此，除了追求仪容美以外，自信从容的仪态也能帮助老年服务从业人员塑造良好的职业形象，赢得信任、认可和尊重。

任务一　把握老年服务礼仪的基本体态

一、挺拔的站姿

小赵大学所学的专业是心理学，毕业后来到重庆一家养老院工作。他的职责是除了接受老人主动的心理咨询外，每周还要分别与每位老人做一次交谈，以便及时了解老人的心理状况。

这天是周一，小赵从一楼的房间开始，逐一与老人做交谈。小赵最近生了痔疮，不宜久坐，所以进老人房间之后都是站立着与老人交谈，但他从小就有一个习惯动作，站立时总喜欢将双手交叉抱在胸前。整整4层楼走访下来，一看时间，竟然只花了1个小时，而且有好几个房间的老人特别是新入住

第一次见到小赵的老人都很不情愿与小赵交谈，没说几句就把小赵打发走了，有的还露出厌弃的眼神。小赵回到办公室后，对着镜子把自己的脸照了又照，也没发现什么不妥或者令人憎恶的地方，他抓破脑袋也想不出为什么老人们会是这样的态度。

站姿是一个人站立的姿势，是人们日常交往中最基本的举止，是静态的身体造型，同时又是其他动态身体造型的基础和起点。常言道"站如松，坐如钟"，这是中国传统的关于形象的标准。人们在描述一个人生机勃勃充满活力的时候，经常使用身姿挺拔这类词语。从一个人的站姿，可以看出他的精神状态、品质修养及健康状况。优美的站姿能显示一个人的自信，衬托美好的气质和风度，并给他人留下美好的印象，优美的站姿还是保持良好体型的秘诀。

（一）基本站姿

1. 标准站姿

如图 3-1 所示为标准站姿：从正面观看，全身笔直，精神饱满，两眼平视，表情自然，两肩平齐，两臂自然下垂，两脚跟并拢，两脚尖微张开，身体重心落于两腿正中。从侧面看，两眼平视，下颌微收，挺胸收腹，腰背挺直，手中指贴裤缝，整个身体庄重挺拔。采取这种站姿，不仅会使人看起来稳重、大方、俊美、挺拔，它还可以帮助呼吸，改善血液循环，并在一定程度上缓解身体疲劳。标准站姿适用于较为正式的场合。具体有如下要求：

图 3-1　标准站姿

（1）两脚跟相靠，脚尖展开 45°～60°，身体中心线应在两腿中间向上穿过脊椎和头部。

（2）腿部肌肉收紧，大腿内侧夹紧，髋部上提。

（3）腹肌、臀大肌微收缩并上提，臀、腹部前后相夹，髋部两侧略向中间用力。

（4）脊柱、后背挺直，胸略向前上方提起。两肩放松下沉，气沉于胸腹之间，呼吸自然。

（5）两手臂放松，自然下垂于体侧。

（6）脖颈挺直，头向上顶。

（7）下颌微收，双目平视前方。

当站立的时间过长时，脚姿可以有一些变化：一是两脚分开站立，两脚外沿宽度不超过两肩宽度；二是重心放在一只脚上站立，另一只脚稍息，然后轮换。

一般来说，标准站姿是否规范关键要看三个部位：一是髋部向上提，脚趾抓地；二是腹肌、臀肌收缩上提，前后形成夹力；三是头顶上悬，肩向下沉。只有这三个部位的肌肉力量相互制约，才能保持标准站姿。

2. 腹前握指式站姿

如图 3-2 和图 3-3 所示，分别为女士腹前握指式站姿和男士腹前握指式站

姿。腹前握指式站姿是在标准站姿基础上稍做变化形成的，其严肃度较标准站姿稍弱，具体变化要求如下。

两腿两膝并严、挺直。女士一只脚略向前，一只脚略向后，前脚的脚后跟稍稍向后脚的脚内侧靠拢，后腿的膝盖向前腿靠拢，呈丁字步，男士双腿自然分开与肩同宽。

腰部自然挺直，双肩放松，呼吸自然匀称。双手自然交叉叠放于小腹前，女士一只手虎口握住另一只手拇指部位，男士用右手握住左手手腕，左手自然放松或轻轻握拳。

图 3-2　女士腹前握指式站姿

图 3-3　男士腹前握指式站姿

3. 女士腰际式站姿

如图 3-4 所示为女士腰际式站姿。女士腰际式站姿的脚位可采用 V 形或丁字步，双手虎口交叉叠放于腰际，拇指刚好可以顶到肚脐处，双手手指伸直但不要外翘，挺胸收腹保持挺拔感。腰际式站姿显得庄重而优雅，在迎接客人、颁奖等重要场合时可采用这种站姿。

图 3-4　女士腰际式站姿

(二) 提物时的站姿

若手中提有物品，站姿应做到如下几点。

(1) 身体立直，挺胸抬头。

(2) 下颌微收，双目平视。

(3) 两脚自然分开与肩齐，一手提物，一手置于体侧。

(4) 挺胸立腰，两肩和手臂的肌肉适当放松。

(5) 气下沉至胸腹之间，呼吸自然。

如图 3-5 所示为提物时的站姿。

图 3-5　提物时的站姿

（三）与人交谈的站姿

在老年服务工作中，常常遇到与老人交谈的情形，若此时保持站姿应做到如下几点：

（1）双目自然直视交谈对象，面带微笑，下颌微收。

（2）脊背自然挺直，不挺腹、不后仰。

（3）肩、臂自然放松，双手或自然置于身体两侧，或交叉叠放于体后贴在臀部，或将右手搭握在左手上置于腹前，女士还可将双手轻握放在腰际，手指自然弯曲，手腕微微上扬。

（4）双脚可自然并拢，也可左右分开不超过肩宽。还可以脚尖略分，一脚在前，一脚在后，前脚后跟微微靠近在后脚脚弓处，这时身体重心可放在两脚上，也可放在一脚上，并通过重心的移动减轻疲劳，但重心交替切不可过于频繁。

如图 3-6 所示为女士与人交谈时的站姿。

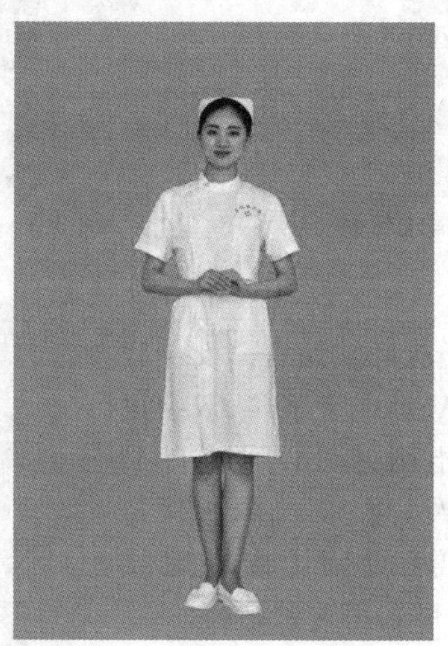

图 3-6　女士与人交谈时的站姿

（四）站姿的注意事项

（1）站立时，竖看要有直立感，即以鼻子为中线的人体应大体呈直线；横看要有开阔感，即肢体及身段应给人舒展的感觉；侧看要有垂直感，即从耳至脚踝骨应大体成直线。切忌东倒西歪，无精打采，懒散地倚靠在墙上、桌子上。男性的站姿应刚毅洒脱、挺拔向上，女性的站姿应庄重大方、秀雅优美。

（2）不要低着头、歪着脖子、含胸、端肩、驼背。不要将身体的重心明显地移到一侧，只用一条腿支撑着身体。

（3）在与人交谈时，双手可随说话的内容做一些手势，但不能太多，幅度不要太大，以免显得粗鲁。

(4) 在正式场合站立时，不要将手插入裤袋里面，切忌双手交叉抱在胸前，或是双手叉腰。

(5) 避免下意识的小动作，如摆弄衣角、咬手指甲等。这样做不仅显得拘谨，而且给人一种缺乏自信、缺乏经验的感觉。

常见不雅站姿分别如图 3-7、图 3-8、图 3-9 所示。

图 3-7　不雅站姿 1

图 3-8　不雅站姿 2

图 3-9　不雅站姿 3

(五) 站姿的训练方法

好的站姿能通过学习和训练获得。通过理论学习后，我们还要在生活中加以训练。站姿训练方法如下。

1. 贴墙直立练习

后背贴墙壁站直，后脑勺、肩、腰、臀部及脚后跟尽可能贴近墙壁，使头、肩、臀、腿之间纵向呈直线状态。

2. 提踵练习

脚跟提起，头向上顶，身体有被拉长的感觉。注意保持姿态稳定，练习平衡感和挺拔感。

3. 两人一组，背靠背站立

两人背靠背站立，脚跟、腿肚、臀部、双肩和后脑勺贴紧。为加强效果，可使两人头顶各顶一本书，在五个触点夹上夹板并保持夹板不滑落。

要拥有优美的站姿，就必须养成良好的习惯，长期坚持。站姿优美，身体才会得到舒展，且有助于健康；站姿优美，看起来就有精神、有气质，就容易引起别人的注意和好感，有利于社交时给人留下美好的第一印象。

二、优雅的坐姿

小张毕业后回到家乡，就职于社区养老服务中心。平日里，小张的工作主要是组织各种社区老年活动，大家也都很喜欢他。

经过一段日子的接触，小张发现李奶奶常常来服务中心，但每次活动总是坐在最后一排，基本不说话，不爱与他人接触，脸上总挂着不安的神

情，双手也总是紧紧攥住。由于在读大学时辅修了心理课程，并考取了国家心理咨询师资格证，小张觉得李奶奶可能患有焦虑症，而焦虑症如果不及早发现治疗，可能会引起高血压和冠心病等并发症。于是小张想主动找李奶奶谈谈，进一步了解一下李奶奶的生活，并希望利用自己所学的知识帮助李奶奶。

这天，服务中心又搞活动了，李奶奶也来了。活动结束后，小张主动提出想陪李奶奶到公园逛逛，李奶奶一向对小张印象颇好，觉得这个小伙子又能干又善良，于是便答应了。两人在公园里散步，聊着李奶奶喜欢的事情，李奶奶的心情很放松，也开始露出了笑容。当他们走到公园的小亭边时，小张提议坐一会儿，这时他开始询问李奶奶的家庭情况，一边问一边习惯性抖动双腿。李奶奶看着小张不停抖动的双腿，语速越来越慢，眉头越来越皱，双手越攥越紧，表情也愈发不安，直到扭过头去，一言不发。

坐姿是老年服务仪态礼仪的主要内容之一，无论是伏案记录，还是与老人交谈、陪同老人娱乐休息，都离不开坐。俗话说“坐如钟”，指的是人的坐姿要像座钟般端直。男士规范的坐姿给人稳健、自信、从容的感觉，女士规范的坐姿给人文雅、稳重、自然大方的美感。优雅的坐姿体现一种亲切的静态美，能够迅速拉近与老人的心理距离。

（一）男士基本坐姿要求

（1）入座时要轻、稳、缓。走到座位前，转身后轻稳地坐下。如果椅子位置不合适，需要挪动椅子的位置，应当先把椅子移至欲就座处，然后入座。

（2）坐在椅子上，臀部落在椅子的前 2/3 处，宽座沙发则坐在前 1/2 处。

（3）身体重心垂直向下，腰部挺直，两腿略分开，与肩膀同宽，这样看起来不至于太过拘束。

（4）头部要保持平稳，目光平视前方，神态从容自如，面部表情保持轻松和缓。

（5）双肩平正放松，两臂自然弯曲，双手以半握拳的方式放在腿上，亦可放在椅子或沙发扶手上，以自然得体为宜，掌心向下。

（6）两膝间可分开一拳左右的距离，脚态可取小八字步或稍分开以显自然洒脱之美，但不可尽情打开腿脚，以免显得粗俗和傲慢。

（7）两脚应尽量平放在地，大腿与小腿成直角。

（8）落座后至少 10 分钟时间不要靠椅背。时间久后，可轻靠椅背。

（9）谈话时应根据交谈者方位，将上体双膝侧转向交谈者，上身仍保持挺直，不要出现自卑、恭维、讨好等姿态。

（10）离座时要自然稳当，右脚向后收半步，而后站起。

男士基本坐姿如图 3-10 所示。

图 3-10　男士基本坐姿

(二) 女士基本坐姿要求

(1) 入座时要轻稳，走到座位前，转身后退，轻稳地坐下。如果是身着裙装，应用手将裙子稍稍拢一下，不要坐下后再拉拽衣裙。

(2) 上身自然坐直，立腰，双肩平正放松。

(3) 双手叠放于双腿中间前部或一腿中部，也可以放在椅子或沙发的扶手上，掌心向下。

(4) 双膝自然并拢，双脚平落在地上。

(5) 坐在椅子上，臀部落在椅子的前 2/3 处，宽座沙发则坐在前 1/2 处。

(6) 起立时，右脚向后收半步，而后站起。

女士基本坐姿如图 3-11 所示。

图 3-11　女士基本坐姿

(三) 其他正确坐姿

(1) 前伸式。男女皆可使用。这种坐姿的要求是：在基本坐姿的基础上，两小腿向前伸出两脚并拢，脚尖不要翘，如图 3-12 所示。

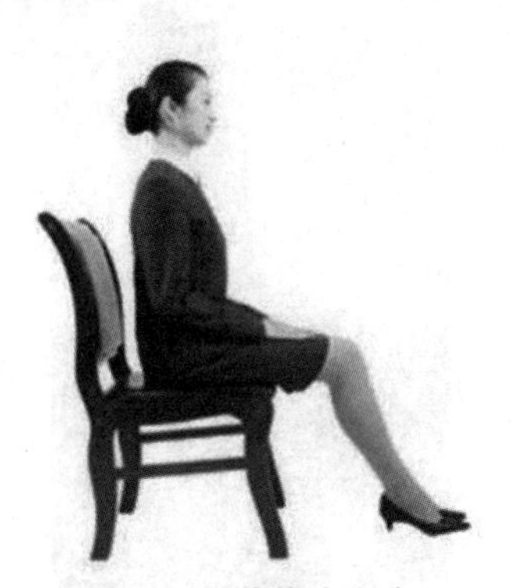

图 3-12　前伸式坐姿

（2）前交叉式。男女皆可使用。这种坐姿的要求是：在前伸式基础上，右脚后缩，与左脚交叉，两踝关节重叠，两脚尖着地，如图 3-13 所示。

图 3-13　前交叉式坐姿

（3）曲直式。男女皆可使用。这种坐姿的要求是：一脚在前，另一脚在后，大腿靠紧，两脚在一条直线上，如图 3-14 所示。

图 3-14　曲直式坐姿

（4）后点式。适用于女士。这种坐姿的要求是：两小腿后屈，脚尖着地，双膝并拢，如图 3-15 所示。

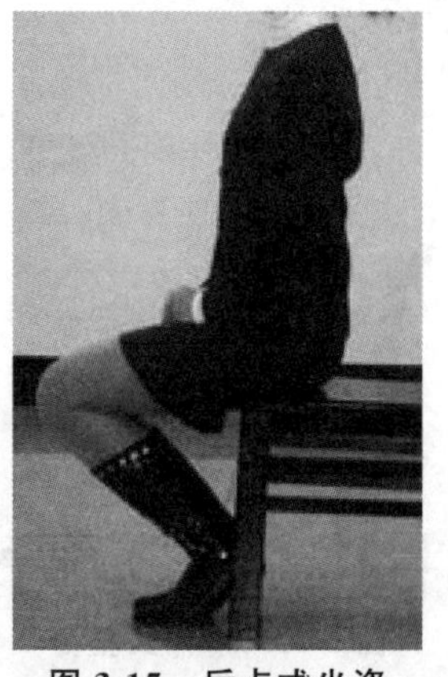

图 3-15　后点式坐姿

(5) 侧点式。适用于女士。这种坐姿的要求是：两小腿向左斜出，两膝并拢，右脚跟靠拢左脚内侧，右脚掌着地，左脚尖着地，如图 3-16 所示。

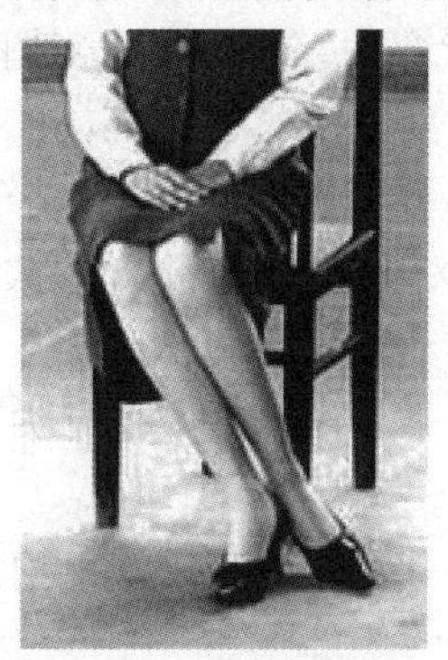

图 3-16　侧点式坐姿

(6) 侧挂式。适用于女士。这种坐姿的要求是：在侧点式坐姿基础上，左小腿后屈，脚绷直，脚掌内侧着地，右脚提起，用脚面贴住左踝，膝和小腿并拢，上身右转，如图 3-17 所示。

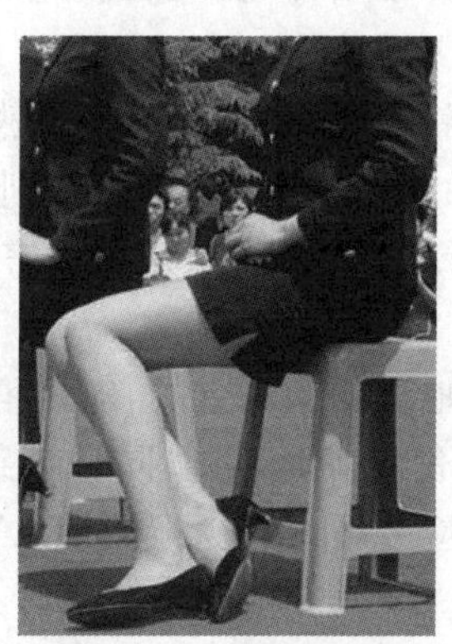

图 3-17　侧挂式坐姿

(7) 重叠式。一般在非正式场合、相熟的人面前或就座较高椅子时使用，男女皆适用。这种坐姿的要求是：在基本坐姿基础上，两腿向前，一条腿提起，腿窝落在另一腿膝盖上边，如图 3-18 所示。注意：上边的腿向里收，贴住另一腿，脚尖向下。

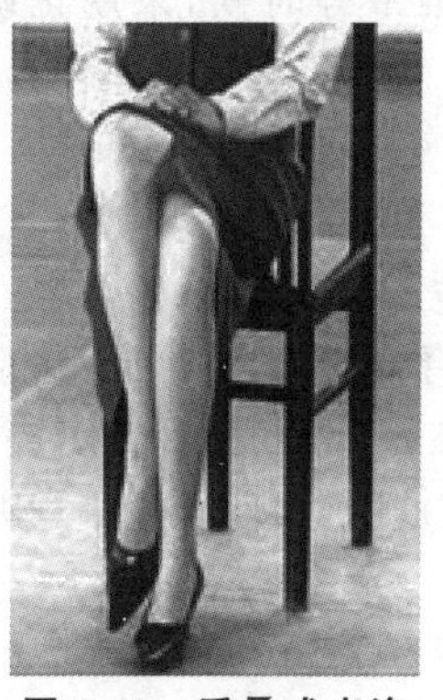

图 3-18　重叠式坐姿

（四）入座后的注意事项

（1）避免不良习惯：脊背弯曲、耸肩驼背；瘫坐在椅子上或前俯后仰；坐下时手中不停地摆弄东西，如头发、戒指、手指等。

（2）避免腿的不当表现：摇腿跷脚，腿跨在椅子或沙发的扶手上，架在茶几上，或把腿盘在座椅上；双腿叉开过大；架腿方式欠妥，小腿向上翘起，两小腿之间前后空出很大距离；反复抖动或摇晃腿部。

（3）避免脚的不当表现：脚尖指向他人；脚尖高高翘起；随意蹬踏他物；脱掉鞋袜。

（4）避免手的不当表现：手触摸脚部；双手抱腿，将手压在大腿下；将手夹在两大腿中间。

（5）入座之前应想清楚此场合自己是否被允许入座。

（6）在别人之后入座。出于礼貌，和老年人或其他客人一起入座时，先请对方入座，不要抢先入座。

（7）从座位左侧入座。如果条件允许，在就座时最好从座位左侧入座。这样做，既是一种礼貌，也更容易就座。

（8）向周围的人致意。就座时，如果附近坐着熟人，应该主动打招呼。即使不认识，也应该点头示意。在公共场合，要想坐在别人身旁，还必须征得对方的允许。离开座椅时，身边如果有人在座，应该用语言或动作向对方先示意，随后再起身离开。

（9）离座时注意次序。地位低于对方的，应该稍后离座；地位高于或年龄大于对方时，可先离座；双方身份对等时，可以同时起身离座。

（10）起身离座时，动作应轻缓，不要“拖泥带水”，弄响座椅，或将椅垫、椅罩弄得掉在地上。

（11）条件允许时应从座位左侧离座。

三、合理的蹲姿

蹲是由站立的姿势转变为两腿弯曲身体高低下降的姿势，是在比较特殊的情况下采取的暂时性体态。在进行收拾、清理时，拿取低处物品时，拾起落在地上的物品时以及为老年人系鞋带等时候，采用正确的蹲姿，可以避免弯曲上身和撅起臀部的不雅情形。

（一）蹲姿的基本要求

（1）姿态自然、得体、大方。

（2）两腿合力支撑身体，脊背挺直，臀部向下，掌握好身体的重心，避免滑倒。

（3）保持头、胸、膝关节在一个角度上，使蹲姿优美。

（4）男性两腿间可适当留缝隙，女性无论采用哪种蹲姿，都要将双腿靠紧。

（二）四种正确蹲姿

（1）高低式蹲姿。这种蹲姿动作简单，特征是双膝一高一低，在日常工作中

选用这种蹲姿最为方便。

高低式蹲姿的动作要领如下：下蹲时，双腿不并排在一起，而是右脚在前，左脚稍后。右脚完全着地，左脚则应脚掌着地，脚跟提起。此刻左膝低于右膝，左膝内侧可靠于右小腿的内侧，形成右膝高左膝低的姿态。臀部向下，基本上用左腿支撑身体。女性应靠紧两腿，男性则可以适度地将其分开。

女士高低式蹲姿和男士高低式蹲姿分别如图 3-19 和图 3-20 所示。

图 3-19　女士高低式蹲姿

图 3-20　男士高低式蹲姿

(2) 交叉式蹲姿。交叉式蹲姿通常适用于女士，尤其是穿着裙装的女士。这种蹲姿造型优美典雅，其特征是蹲下后双腿交叉在一起，如图 3-21 所示。

图 3-21　交叉式蹲姿

交叉式蹲姿的动作要领如下：下蹲时，右脚在前，左脚在后，右小腿垂直于地面，全脚着地。右腿在上，左腿在下，二者交叉重叠；左膝由后下方伸向右侧，左脚跟抬起，并且脚掌着地；两脚前后靠近，合力支撑身体；上身略向前倾，臀部朝下。

(3) 半蹲式蹲姿。半蹲式蹲姿一般是在行走过程中临时采用，它的正式程度不及前两种蹲姿，但在需要应急时也采用。其基本特征是身体半立半蹲。

半蹲式蹲姿的动作要领如下：下蹲时，上身稍许弯下，但不要和下肢构成直角或锐角；臀部务必向下，而不是撅起；双膝略弯曲，角度一般为钝角；身体的重心与头、颈、脊椎在同一条直线上；两腿可并拢也可一前一后，但双腿之间不要分开过大。

(4) 半跪式蹲姿。半跪式蹲姿也叫作单跪式蹲姿，它也是一种非正式蹲姿，

多在下蹲时间较长，为了用力方便时采用，如为老年人做腿脚按摩时可用。女士穿着裙装时不宜采用此蹲姿。

半跪式蹲姿的基本特征是双腿一蹲一跪，其动作要领如下：右脚在前，左脚稍后。右脚完全着地，小腿垂直于地面；左腿单膝点地，左脚脚尖着地，脚跟提起，臀部坐在脚跟上。左右双膝应同时向外，双腿应尽力靠拢。

（三）蹲姿的禁忌

（1）下蹲时速度过快。特别是在行进中突然下蹲，不仅动作不雅，而且很可能让周围人措手不及。

（2）下蹲时离人太近。应注意与身边的人保持一定的距离，与他人同时下蹲时，更不能忽略双方的距离，以防彼此"迎头相撞"或发生其他误会。

（3）下蹲时方位失当。在他人身边下蹲时，最好是与之侧身相向。非工作需要面向他人下蹲抑或背部对着他人下蹲，通常都是不礼貌的。

（4）下蹲时毫无遮掩。下蹲时一定要注意内衣"不可以露，不可以透"。尤其是女士，要护住领口或裙边。

（5）蹲在凳子或椅子上。下蹲是特殊情况下采用的姿势，不要随意乱用。切不可蹲在凳子或椅子上，也不要在公共场合蹲着休息。

（6）下蹲时臀部向后撅起、两腿叉开。当要捡起落在地上的东西或拿取低处物品时，不可有只弯上身、翘臀叉腿的动作，而是应先走到要捡或拿的东西旁边，再使用正确的蹲姿，将东西拿起。

四、从容的行姿

小宋刚从大学毕业就进入了一家养老院工作，这家养老院位置相对偏远，规模比较小，这里住的老人年纪也都相对较大。小宋刚毕业，服务能力一般，口才也不是很好，但他走路时总是抬头挺胸，面带微笑，步履稳健，一副朝气蓬勃的样子，刚到这里工作一个星期，就得到了老人们的喜爱。老人们喜欢和小宋待在一起，他们还都说看到小宋连精神都变得抖擞起来呢。

后来，小宋才听说，小宋所在岗位之前有一位工作人员小赵，他和小宋年龄相当，可走路的时候总是耷拉着脑袋，弯腰驼背，双脚还总在地上拖拉。老人们不喜欢他没有精气神的样子，都不愿意和他在一起，这才被辞退了。

行姿是人体所呈现的一种动态，是站姿的延续。在日常工作和生活中，时刻保持正确的行姿有利于展现人体的动态美，并在无形之中感染周围人的情绪。反之，不正确的行姿不仅没有美感，还容易引发疲劳，导致腿、背部疼痛，甚至造成身体损伤。

（一）正确行姿的基本要求

作为老年服务从业人员，正确行姿的基本要点是：身体协调，姿势优美，步伐从容，步态平稳，步幅适中，步速均匀，走成直线。

1. 方向明确

在行走时，必须保持明确的行进方向，尽可能地使自己犹如在一条直线之上行走，这样往往会给人以稳重之感。具体的方法是，行走时应以脚尖正对着前方，男士双脚行走轨迹成平行线，女士双脚行走轨迹形成一条直线。

2. 步幅适度

步幅，指的是人们每走一步时，两脚之间的距离。老年服务从业人员在行进之时，最佳的步幅为男士每步大约 40 厘米，女士每步大约 30 厘米，同时，每一步的步幅大小还应当大体保持一致。

3. 速度均匀

人们行进时的具体速度，通常叫作步速。对老年服务从业人员来讲，步速固然可以有所变化，但在某一特定的场合，一般应当使其保持相对稳定，较为均匀，而不宜使之过快过慢，或者忽快忽慢。一般情况下每分钟走 60 步至 100 步左右都是比较正常的。

4. 重心放准

在行进时，能否放准身体的重心极其重要。正确的做法应当是：起步之时，身体须向前微倾，身体的重量要落在前脚掌上。在行进的整个过程中，应注意使身体的重心随着脚步的移动不断地向前过渡，而切勿让身体的重心停留在后脚上。

5. 身体协调

人们在行进时，身体的各个部分之间应相互配合保持协调。在行进时如欲保持身体协调，就需要注意：走动时要以脚跟先着地，膝盖在脚部落地时应当伸直，腰部要成为重心移动的轴线，双臂要在身体两侧一前一后地自然摆动。

6. 体态优美

行进的时候，保持自己身体姿态的优美，是不容轻视的问题。要在行进中保持优美的身体姿态，就一定要做到昂首挺胸，步伐轻松而矫健。其中最为重要的是，行走时应面对前方，两眼平视，挺胸收腹，直起腰、背，伸直腿部，从正面看全身保持一条直线。

（二）不同情境下的行姿要求

1. 陪同引导

请被引导者开始行走时，要面向被引导者，稍微欠身。在行进过程中，应尽量走在被引导者的左前方。髋部朝向前行的方向，上身稍向右转体，左肩稍前，右肩稍后，侧身向着被引导者，与被引导者保持两三步的距离。如搀扶老年人时，应走在老年人左侧，身体稍向右倾斜。行走的速度要考虑到和被引导者相

协调，不可以走得太快或太慢，要处处以被引导者为中心。每当经过拐角、楼梯或道路坎坷、照明欠佳的地方，都要提醒被引导者留意。

2. 上下楼梯

上下楼梯要坚持“右上右下”原则，注意礼让他人。如果是陪同他人上楼，陪同人员应该走在他人的后面；如果是下楼，陪同人员应该走在他人的前面。

3. 进出电梯

陪同老年人或其他来访客人搭乘电梯时，应使用载客专用电梯，并用手轻挡在电梯门口，请他人先行。进出电梯时，应该侧身而行，免得碰撞别人。

4. 出入房门

进入老年人房间前要轻轻叩门，向房内的人进行通报，获得允许后再进入。和别人一起先后出入房门时，为了表示自己的礼貌，应当自己后进门、后出门，而请对方先进门、先出门。陪同引导老年人时，还应在出入房门时替老年人拉门或是推门。在拉门或推门后要使自己处于门后或门边，以方便老年人进出。

5. 途遇他人

当走在较窄的路面或楼道中与人相遇时，要采用侧身步，两肩一前一后，并将胸部转向他人，不可将后背转向他人。

6. 与人告辞

与人告辞时应先向后退两三步，再转身离去。退步时，脚要轻擦地面，不可高抬小腿，后退的步幅要小。转体时要先转身体，再转头。

（三）行姿训练

1. 摆臂训练

直立身体，以肩为轴，双臂前后自然摆动。注意双臂摆动的幅度要适度，纠正双臂过于僵硬、左右摆动的毛病。

2. 步位步幅训练

在地上画直线，行走时检查自己的步位和步幅是否正确，纠正“外八字”“内八字”及脚步过大或过小等问题。

3. 稳定性训练

将书本放在头顶中心，保持行走时头正、颈直、目不斜视。

4. 协调性训练

配以节奏感强的音乐，行走时注意掌握好走路的速度、节拍，保持身体平衡，双臂摆动对称，动作协调。

任务二　展现和蔼可亲的表情

表情是内心情感在面部上的表现，是人际交往中相互沟通的重要形式。表情既有面部部位的局部显示，也有它们的彼此合作，综合地显示人的情绪和思想。在面部五官中，最能灵活表达情感的是眼睛和嘴巴，因此，要拥有和蔼可亲的表情，既要从根本上拥有一颗善良的心，又要学会如何正确控制自己的眼睛

(眼神)和嘴巴(微笑)。

一、眼神礼仪

人们常说"眼睛是心灵的窗户",也就是说眼睛是最能直接表达内心情感的。眼神是表情的核心,一旦学会了眼睛的语言,眼神的变化将会收放自如。

(一) 眼神的作用

1. 传递信息

眼神是一种真实、含蓄的语言。人们的喜怒哀乐、爱憎好恶等思想情绪,都能从眼睛中表现出来。相关研究表明,眼睛的瞳孔受中枢神经控制,能如实地显示大脑正在进行的一切活动,当人们看到有趣的,或心中喜爱的东西时,瞳孔就会扩大;而看到不喜欢的或厌恶的东西时,瞳孔就会缩小。可以说,瞳孔是人兴趣、偏好、动机、态度、情感和情绪等心理活动的高度灵敏的显像屏幕。

目光接触时间的长短也能传达信息。心理学实验表明,人们视线接触的时间,通常占交往时间的 30%～60%,如果低于 30%,则表明对交谈的话题没什么兴趣。

2. 展示形象

在工作过程中,不同的眼神会给他人留下不同的印象。目光亲切、友善,给人以平易近人的印象;目光炯炯有神,给人以精力旺盛的印象;目光坦率真诚,给人以值得信任的印象;目光闪烁,给人以神秘、心虚的印象。

3. 表达相互尊重

在与人接触的过程中,用自信、坦率的眼神正视对方,将视线停留在对方双肩和额头所构成的正方形区域内,能够表达出诚恳与尊重。在接触对象众多或其他不方便逐一打招呼的情况下,用眼神向其他人致意,能消除他们的被冷落感,使他们感受到受到了尊重和欢迎。

(二) 老年服务眼神礼仪

1. 注视的部位

与他人交谈时,注视的部位分以下三种:公事注视,位置在对方双眼或双眼与额头之间的区域;社交注视,位置在对方唇心到双眼之间的区域;亲密注视,位置在对方双眼到胸之间的区域。与老年人注视时,应采用社交注视。

2. 注视的角度

注视的角度不同,含义也不同。俯视一般表示爱护、宽容或傲慢、轻视;正视一般代表平等、自信、坦率;仰视则体现尊敬、崇拜、期待;斜视表示疑问、怀疑、轻蔑。当与老年人处于同高度正面交谈时,应当正视老人(即视线呈水平状态)。而更多时候,同老年人交谈时,应当主动蹲下,使自己处于低于老年人的位置,采用仰视的角度注视老年人,充分表达对其的尊重。

3. 注视的时间

注视对方的时间短或不屑一顾,表示冷落、轻视或反感;长时间注视对方,

特别是对异性盯视和对初识者上下打量，也是失礼的行为。注视的时间长短，要视亲疏关系和对对方的重视程度而定。在老年服务工作中，面对初次见面的人，不能持续直视对方，应先平视一眼，同时微笑、点头、问候；对于已经熟悉的老年人，则应当在谈话或接触的过程中给予足够的注视时间。

4. 其他要求

要想达到最佳的交际效果，必须学会巧妙使用眼神。例如，见面握手、问候时，要亲切、热情地望着对方；与人交谈时，要善于对对方的眼神做出积极的反应；当询问对方的情况时，应用关切的眼神；当征询对方意见时，应用期待的眼神；当对方表示支持、应允时，应用喜悦的眼神；在得知对方的好消息时，应用惊喜的眼神；对对方的谈话内容感兴趣时，应用关注的眼神；表示对对方的肯定时，应用赞赏的眼神；中间插话、转移话题或提问时，应用歉意的眼神；要给对方一种亲切感，应用热情而诚恳的眼神；要给对方以稳重感，应用平静而诚挚的眼神；要给对方以幽默感，应用俏皮而亲切的眼神。总之，应最大限度运用眼神的表现力，创造良好的相处氛围。

二、微笑礼仪

（一）练习微笑，找到自己最美的笑容

1. 放松肌肉

放松嘴唇周围肌肉是练习微笑的第一阶段，又名“哆来咪练习”。从低音哆开始，到高音哆，大声地清楚地把每个音说三次。不是连着练，而是一个音节一个音节地发音，为了正确发音，练习时应注意嘴型。

2. 锻炼嘴唇肌肉的弹性

形成笑容时最重要的部位是嘴角。锻炼嘴唇周围的肌肉，能使嘴角的动作变得更干练好看。如果嘴角动作变得干练有生机，整体表情就给人有弹性的感觉，显得年轻有活力。正确的训练方法如下。

（1）伸直背部，坐在镜子前面。

（2）张大嘴使嘴周围的肌肉最大限度地拉伸。这时能感觉到腭骨受刺激的程度，并保持这种状态 10 秒。

（3）使嘴角紧张。闭上张开的嘴，拉紧两侧的嘴角，使嘴唇在水平上紧张起来，并保持 10 秒。

（4）聚拢嘴唇。在嘴角紧张的状态下，慢慢地聚拢嘴唇。当感觉嘴唇圆圆地卷起来聚拢在一起时，保持 10 秒。

（5）咬筷子练习。在嘴里咬一根筷子，使嘴角对准筷子，保持两边嘴角翘起，并观察嘴唇两端的连线是否与木筷子在同一水平线上。保持这种状态 10 秒。习惯这个姿势后，轻轻地拔出木筷子，维持刚才的状态。

3. 练习微笑

在放松状态，练习微笑，练习的关键是使嘴角两端上升的程度一致。如果嘴角歪斜，表情就不会太好看。

(1) 小微笑。把嘴角两端一齐往上提，给上嘴唇拉上去的紧张感。稍微露出2颗门牙，保持10秒之后，恢复原来的状态并放松。

(2) 普通微笑。慢慢使肌肉紧张起来，把嘴角两端一齐往上提，给上嘴唇拉上去的紧张感。露出6颗左右上牙，眼睛也笑一点。保持10秒后，恢复原来的状态并放松。

(3) 大微笑。一边拉紧肌肉，使之紧张起来，一边把嘴角两端一齐往上提，露出10颗左右上牙，稍微露出下门牙。保持10秒后，恢复原来的状态并放松。

4. 修正笑容

虽然认真地进行了训练，但效果往往不那么完美，这时就要找出问题并纠正。容易出现的问题有：

(1) 嘴角上升时歪向一边。很多人的嘴角两端不能一齐往上提，这时应利用咬筷子的方法多加训练。

(2) 笑时露出牙龈。笑的时候会露很多牙龈的人，往往在笑的时候没有自信，不是遮嘴，就是腼腆地笑。自然的笑容可以弥补露出牙龈的缺点，另外，也可通过锻炼嘴唇肌肉来改善。

5. 找到自己最美的笑容

通过以上的练习和修正后，再次对着镜子用下面的标准审视自己的笑容。

(1) 面部表情标准：面部表情和蔼可亲，伴随微笑自然地露出6～8颗牙齿，嘴角微微上翘，神情真诚、甜美、亲切、充满爱心。

(2) 眼神标准：目光友善、真诚，不左顾右盼、心不在焉。

找到自己最美的笑容后，应多加练习，每次保持至少30秒。

(二) 学习用微笑表达自己

1. 微笑的理由

微笑是一种特殊的语言——“情绪语言”，其传播功能具有跨越国籍、民族、宗教、文化的性质，几乎在所有的社交场合，都可以和有声的语言及行动相配合，起到互补作用，充分表达尊重、亲切、友善、快乐的情绪，拨动对方的心弦，沟通人们的心灵，缓解紧张的气氛，架起友谊的桥梁，给人以美好的享受。

2. 微笑服务

微笑服务是指以诚信为基础，将发自内心的微笑运用于服务工作之中，对他人笑脸迎送，并将微笑贯穿于服务工作的每一个环节。微笑服务能使被服务者感受精神愉悦，使其心理享受的需求得到最大程度的满足，也往往给微笑者带来意想不到的成功。

(1) 微笑服务的三要点。

自信的微笑，让对方对你充满信心，让自己充满力量；礼貌的微笑，将微笑当作礼物赠予他人；真诚的微笑，表达对别人的尊重、理解。

(2) 用微笑贯穿服务过程。

见面时要微笑。在服务对象走来或自己主动走近服务对象时，当离对方三米远的距离时，就应该主动向对方微笑，让对方感到你的热情。

服务中要微笑。在服务过程中，工作人员应始终面带微笑，不要将自己生活中的其他不良情绪带到工作中，用微笑告诉他人“我是友善和值得您信任的，我正在努力为您提供最好的服务”。

临别时要微笑。自己或服务对象离开时，应主动微笑送别，为自己的服务画上一个圆满的句号。

任务三　学会使用规范的手势

手势是指人们运用手指、手掌和手臂所呈现的各种动作。手姿是静态的，也可以是动态的，是应用广泛且极具表现力的一种体态语言。在长期的社会实践中，手势被赋予了种种特定含义，具有丰富的表现力。手势由指、腕、肘、肩等关节活动形成，活动幅度大，具有高度的灵活性，是人类表情达意的重要方式。

规范的手势在老年服务工作中有两大作用；一是能充分展示职业形象，体现专业性；二是能表达和联络感情，配合其他体态语言起到良好的社交作用。

一、不同场合下的规范手势

（一）站立时的手势

在工作场合站立时，最常见的规范手势有两种：一是双手自然下垂，掌心向内，相握于腹前；二是双手伸直下垂，掌心向内，分别放于大腿外侧裤缝处。

（二）行走时的手势

在行走时，若手中未持物，应将双臂自然垂于身体两侧，跟随脚步前后摆动，手指微曲，手臂摆幅为35厘米左右，双臂外开不要超过20°。

（三）介绍的手势

当我们为他人介绍场景、物品或介绍不相熟的人时，应当以右手或左手伸出，手心斜朝上，手背斜朝下，四指并拢，拇指张开，以肘部为轴，伸出手臂，指向被介绍的场景、物品或人物。切勿用手指点或拍打被介绍人的肩和背。

（四）握手的手势

握手是一种常用的礼仪，实际上也是手势的一种。当我们与老年人交谈时，一般不主动握手，若老年人主动伸手，可伸出双手，右手在上、左手在下同时握住老年人伸出的手，表达亲切与尊重。

（五）引导的手势

在为他人引路指示方向时，应采用恰当的手势进行引导。

表示“请进”时常用“横摆式”手势。即站在被引导者右侧，并将身体转向被引导者，五指伸直并拢，然后以肘关节为轴，手从腹前抬起向右摆动至身体

右前方，不要将手臂摆至体侧或身后。同时，左手下垂，目视被引导者，面带微笑。

表示“请往前走”时常用“直臂式”手势。即身体侧向被引导者，眼睛要兼顾所指方向和被引导者，五指伸直并拢，屈肘由腹前抬起，手臂与肩同高，肘关节伸直，再向要行进的方向伸出前臂。直到对方表示已清楚了方向，再把手臂放下。

表示“里边请”时常用“曲臂式”手势。当左手拿着物品，或推扶房门、电梯门，而又需引领他人时，应以右手五指伸直并拢，从身体的侧前方，由下向上抬起，上臂抬至离开身体45°的高度，然后以肘关节为轴，手臂由体侧向体前左侧摆动成曲臂状，请他人进去。

表示“请坐”时常用“斜摆式”手势。当请他人入座时，要用双手扶椅背将椅子拉出，然后一只手曲臂由前抬起，再以肘关节为轴，前臂由上向下摆动，使手臂向下成一斜线，表示请他人入座。若老年人身体不太方便，应双手搀扶老年人帮助其入座。

表示“诸位请”时常用“双臂横摆式”。当要引导的人较多时，表示“请”可以动作大一些，两臂从身体两侧向前上方抬起，两肘微曲，向两侧摆出。指向前方的手臂应抬高一些，伸直一些，另一手臂稍低一些。

（六）举手致意手势

当与他人距离较远或不便语言招呼时，往往可采用举手致意。此时要面向对方，手臂上伸，掌心向外，手掌保持不动停留片刻或轻微挥动。

（七）持物的手势

用手拿物品时，既可用一只手，也可用双手，但最关键的是拿东西时动作应自然，五指并拢，用力均匀，不应翘起无名指与小指，显得惺惺作态。

端治疗盘时，双手握于方盘两侧，掌指托物，双肘尽量靠近身体腰部，前臂与上臂呈90°，双手端盘平腰，重心保持在上臂，取放和行进都要平稳，不触及工作服。忌掌指分开。

（八）推车或轮椅的手势

推车或推轮椅时，双臂应均匀用力，重心集中于前臂，行进平稳。注意腰部负重不要过多，行进中随时观察车里物品或老人的情况，注意周围环境，快中求稳。

（九）递交物品的手势

递交物品时用双手递物最好，如不方便，可用右手递送，应主动上前（主动走近接物者，坐着时应站立），方便接拿。要特别注意的是，在递交带尖、刃的物品时，不要把尖、刃直指对方，否则不仅会有危险，也是对对方的不尊重。在递交文件或杂志图书时，应使文字正面朝着对方，不可倒置。在递交名片时，一定

要双手恭敬递上，正面指向对方，以便对方观看。

(十) 鼓掌的手势

在表示欢迎、祝贺、支持时常用鼓掌的手势，其做法是以右手掌心向下，有节奏地拍击掌心向上的左手，必要时可起身站立鼓掌。

(十一) 夸奖的手势

夸奖的手势即用以表扬他人的手势，其做法是：伸出右手，跷起拇指，指尖向上，指腹面向被表扬者。

(十二) 挥手道别的手势

挥手道别时，要做到身体站直，目视对方，手臂前伸，掌心向外并左右挥动。

二、应用手势的注意事项

(一) 幅度适中

在应用手势时一般要求手势的幅度不要太大，但也不要畏畏缩缩，具体应做到：

(1) 手势的高度上界一般不超过对方的视线。

(2) 手势的高度下界不低于自己的腰部。

(3) 手势左右摆动的范围不要太宽，应在胸前或右方。

(二) 频率适中

与人交谈时，应避免手势过多。一般情况下，手势宜少不宜多，恰当表达出意思和感情即可。手势过多往往会给人留下装腔作势、缺乏修养的印象。

(三) 避免不礼貌和不雅的动作

在交谈时，不应将拇指竖立起来反向指向其他人，这通常意味着自大或藐视；不应自指鼻尖，自指鼻尖常有自高自大、不可一世之意；交谈谈到第三者时，如果这个人在场，不能用手指着此人，更忌讳在背后对人指指点点等不礼貌行为；在接待服务工作中，应避免抓头发、摆弄手指、抬腕看表、掏耳朵、抠鼻孔、剔牙、咬指甲、玩饰物、拉衣服袖子等令人反感的小动作。

模块四

老年服务服饰礼仪

学习目标

1. 了解老年服务从业人员着装礼仪的基本要求。
2. 掌握老年服务从业人员服饰选择和搭配的原则。

- 任务一　了解职业服饰的意义和作用
- 任务二　了解老年服务职业着装礼仪
- 任务三　掌握老年服务职业服饰选择和搭配的原则

案例导入

A企业的总经理安排王刚和他一起参加与国外一家著名家电企业的合作谈判，为了在谈判时给对方留下精明强干、时尚新潮的好印象，王刚上穿一件T恤衫，下穿一条牛仔裤，脚穿一双登山鞋。当他精神抖擞、兴高采烈地出现在对方面前时，对方用不解的眼神对他上下打量了半天。

问题讨论：

1. 国外家电企业人员为什么用不解的眼神打量王刚？
2. 在老年服务工作中，我们应如何注意自己的服饰礼仪？

任务一 了解职业服饰的意义和作用

现代服饰除了具有御寒防晒、保护肌肤和遮羞的作用之外，还有着丰富的文化意义和社会意义。

一、满足自我欣赏，自我提升的需要

有人说穿衣服是为了给别人看的，所谓“士为知己者死，女为悦己者容”，这话有一定道理，但只说对了一半。其实，人穿上一件好衣服首先是自己心里感觉舒服。中国人过春节有穿新衣服的风俗，主要是为了自己高兴，客观上增加了节日的欢庆气氛。小孩子是不懂得社会上复杂关系的，每当穿上一件新衣服时的那个高兴劲儿，才真正体现了人对新衣服需求的心情。因此，当一个人穿上了一件自己很喜欢的好衣服时，就有了一种自我欣赏的满足感，带来了一份好心情；有了一股自我提升的精神劲，带来了自信。

二、展示个性，表现自我

服饰是人体的外观装饰，它依附于人体，直接参与社会互动行为，是自我最便利的表达工具。或者说，即使不是刻意地表达什么，但服饰也会暴露很多个人化的信息，自然成为他人了解自己的线索。因此，一个人在别人面前一亮相，服饰就是一张鲜活的“名片”，展示了社会身份、兴趣爱好、审美情趣、经济能力等信息。在社会交往中，这种展示便于尽快让对方全面了解自己，以便“推销”自己。

三、展现魅力，表达尊重

当一个人穿戴上自己喜欢的服饰时，在不同时间、不同场合，面对不同的人，会有不同的“潜台词”。“你看我穿上这身衣服多精神”，这是展现魅力；“今天要见你，我特意穿上这件衣服”，这是表达尊重。在社会交往中，展现魅力、自信和表达尊重都很重要。关注自己的服饰，通过服饰的展现，可以强化和改变与他人的关系。

四、社会发展变化的标志

从社会意义来讲，服饰有一种奇特的功能，它与社会发展速度的快慢，社会变革程度的大小是同步的，是时代的标志。从古代的画册、近代的照片和现代影视作品中，我们能很容易地找到不同时代、不同时期服饰的差别。社会变化大、变化快，服饰也变化大、变化快，社会发展停滞了，服饰也定格了。

社会上存在各种不同的职业，在不同行业不同的工作岗位上，会有不同的服饰礼仪要求，用来体现职业特点和满足职业行为需要。服饰礼仪是重要的职业素养之一，选配并穿着合适的职业装是每一位职业人都应当重视和关注的。

任务二　了解老年服务职业着装礼仪

服务人员的着装反映其精神面貌、文化涵养和审美情趣，并在很大程度上体现其专业性，影响其服务内容的实施。

老年服务从业人员的着装礼仪应符合以下基本要求。

(1) 文明大方。着装要符合道德传统和常规做法，忌穿过露、过透、过短和过紧的服装。身体部位的过分暴露，不但有失自己身份，而且也失敬于人，使他人感到多有不便。

(2) 搭配得体。着装的各个部分应相互呼应，服装本身及其与鞋帽等的搭配，在整体上尽可能做到完美、和谐，展现着装的整体美。

(3) 专业化。着装应适合职业的特点，与工作和服务内容以及场合相符合。

老年服务从业人员分布在不同的岗位，从工作内容和岗位要求出发，可大致划分为：行政管理人员、心理服务人员、医疗护理人员、生活照料人员等。这些不同岗位的工作人员的着装礼仪如下。

一、老年服务行政管理人员和心理服务人员的着装礼仪

老年服务行政管理人员和心理服务人员应根据不同的工作场合对服装进行选择搭配。在比较重要或隆重的场合应选择正装，其他普通工作场合可适当选择便装。

(一) 正装的选择

正装，一般泛指人们在正式场合的着装。对服务人员而言，正装即意味着在其工作时，按照有关规定，应当穿着的、与本人所扮演的服务角色相称的正式服装。

1. 服务人员的正装种类

服务人员的正装大体上可以分为以下两种。

(1) 统一指定的正装。在绝大多数情况下，此类正装又称制服或工作服、职业服，在有些地区也叫工装。它是由服务单位为全体员工统一制作，在款式、面料、色彩上完全相仿，在工作时按规定必须穿着的服装。有些服务单位没有统

一的制服，但仍规定其从业人员在工作岗位上只能身穿其指定的某一类型的服装，例如，西装、长裙、长衣与长裤，或有领子、有袖子、不露大腿的服装等。

(2) 自行选择的正装。有些服务单位只要求全体员工在工作岗位上身着正装，但又未统一制作，而是要员工根据个人的特点、偏好与理解，自行选择适合自己的正装。

以上两种正装中，统一指定的正装，尤其是其中的制服是最为正规的。服务单位应尽量为本单位员工提供制服。

2. 正装的基本要求

为了使正装在服务工作中发挥其应有的作用，服务人员在自己的工作岗位上身着正装尤其是身着制服时，应注意以下要求。

(1) 避免褶皱。服务人员在穿着正装前，要对其进行熨烫整理。在暂时将其脱下时，应悬挂起来。

(2) 避免残破。服务人员若是穿着外观明显残破的正装，如被刮破、扯烂、磨透、烧穿，或者纽扣丢失等，则极易给人留下不好的印象。让人觉得其工作消极、敷衍了事，甚至会认为其无爱岗敬业、恪尽职守的精神。

(3) 避免污渍。工作中难免会使身着的正装沾染污渍，如油渍、泥渍、汗渍、雨渍、墨渍、血渍等，这些污渍往往会给人以不洁之感，有时还会令人产生不好的联想。因此，服务人员应当及时清理正装上的污渍。

(4) 避免异味。正装若有异味，如汗酸、体臭等，属于一种隐形的不洁状态，表明着装者疏于换洗。在某些情况下，特别是当服务人员与服务对象距离较近时，身上的异味会引起服务对象的不适。

(二) 便装的选择

便装，又称便服，是相对正装而言的、适合在各类非正式场合穿着的服装。一般来说，便装在穿着时没有严格的限制或规定。因其使人感到轻松随便，所以才有便装之称。

服务人员可根据自己的喜好及自身的客观条件选择各式各样的便装，但穿着时一定要注意与环境、气氛相称。对于老年服务行政管理人员和心理服务人员来讲，除正装外，适当穿着得体的便装有利于与老年人拉近距离，建立更加和谐的关系。

运动服、休闲服、普通时装等都是适合老年服务从业人员的便装，但在具体款式的选择上应当注意其得体性，除了要强调美观，还要重视雅观与否。穿着雅观，是对服务人员的基本要求，主要是指衣着文明，既端庄雅致，令人赏心悦目，又不落俗套，不失身份。服务人员在自主选择便装时，需要注意以下四点。

1. 忌过分裸露

在工作岗位上着便装，不宜过多暴露身体。凡可以展示性别特征的身体部位，或者令人反感、有碍观瞻的部位，均不得有意暴露在外。胸部、腹部、背部、腋下、大腿，是公认的不准外露的五大禁区。在比较正式的场合，脚趾与脚跟同样也不得裸露。

2. 忌过分透薄

服务人员的服装若过于单薄或透亮，往往会让内衣甚至身体的重要部位“公之于众”，使人十分难堪。

3. 忌过分肥大或瘦小

一般来讲，服务人员所穿着的便装必须合身。若是过分肥大，会显得着装者无精打采、呆板滑稽。若是过分瘦小，则又有可能让着装者捉襟见肘、工作不便。

4. 忌过分艳丽

服务人员在自选便装时，需要在色彩、图案方面加以留意。一般来说，服务人员的便装不宜抢眼，因此色彩不宜过多、过艳，图案不宜过于繁杂古怪。过于艳丽花哨，令人眼花缭乱的便装，会给人以轻薄、浮躁之感。

二、老年服务医疗护理人员的着装礼仪

老年服务医疗护理人员由于与护士有着相近的工作特点和工作要求，因此其工作服饰一般采用护士服或者相近的服装。

（一）护士服的穿着要求

1. 衣帽端正，发饰素雅

护士帽有燕帽和圆帽两种。戴燕帽时，留长发者要将头发于脑后挽成发髻，盘起后头发不过后衣领，发髻可用发卡、网套或头花固定；留短发者要保持发型前不遮眉、后不过肩、侧不掩耳，且发饰素雅、端庄，燕帽应保持挺立、平整无皱，距前额发际 4～5 厘米戴正戴稳，并用白色发卡固定于两翼后。戴圆帽时，应将头发全部放在圆帽内，帽子接缝置于脑后正中，边缘要平整，帽檐前不遮眉，后不露发际。短发者，可直接戴圆帽；长发者，先用发卡或网套固定后再戴好，以防头发滑脱出帽外。

护士服多为连衣裙式，一般以白色为主基调，在此基础上根据病人的心理、年龄特点增加了淡蓝色、淡粉色、淡绿色、橄榄绿色等，款式也在经典样式的基础上根据护理工作性质、特点的不同有所区别，有连体护士服与分体护士服两种，又有冬夏之分。

护士服款式要选用简洁、美观，穿着适体，利于护理操作的，面料宜选用厚薄适中、平整且透气，便于清洗、消毒的。穿长袖护士服时要求尺寸合身，以衣长刚好过膝，袖长刚好至腕为宜。穿护士服时，应不穿帽衫，内衣衣领不应外露，颜色以浅色为佳，领口、袖口要扣好。禁止用胶布或别针代替衣扣，护士服应勤洗勤换。

2. 正确佩戴口罩

口罩的佩戴要求大小合适，能遮住口鼻。具体要求是：首先将口罩端正地罩于鼻上，系带绕过两耳后系于颌下，或将口罩两耳挂于耳后，松紧适宜。不可露出口鼻，使用时应注意保持口罩清洁。口罩不使用时可将其装入干净的袋中备用，不可挂于耳上、胸前或放入不洁净的口袋中。一次性口罩不可反复使用，

应注意及时更换。

3. 正确佩戴工作牌

工作牌上应附有本人照片，清晰地注明姓名、职务及所在部门等信息，便于老年人识别、问询、监督、鼓励。

4. 不佩戴饰物

饰物不仅会妨碍工作，也是交叉感染的媒介，在护理工作进行时还可能会划伤老人、划破手套、脱落污染，不便于手的清洁消毒。因此，老年服务医疗护理人员要求一律不佩戴首饰、耳饰或其他饰物。

（二）无菌工作服的穿着要求

因特殊护理工作要求，如护理患传染病的老年人时，需要穿着无菌工作服。

无菌工作服的款式为中长大衣，后开背系带式，袖口为松紧式或条带式。穿着前应彻底洗净双手，衣服的穿、脱应在戴有手套的同事的帮忙下进行。穿无菌工作服时应佩戴圆帽，头发应全部放在帽内，必要时用发网或发卡固定，要求帽檐前不遮眉，后不露发际。同时还要佩戴一次性口罩和手套。一次性口罩的佩戴方法与普通口罩相同。需要注意的是，在工作过程中，不可用已污染的手接触一次性口罩，口罩潮湿时，为避免病原微生物的透入应立即更换。

穿着无菌工作服时佩戴的手套应为带弹力完全贴合双手的乳胶手套。一次性口罩和手套在使用完毕后应投入医用专用垃圾桶。

三、老年服务生活照料人员的着装礼仪

老年服务生活照料人员的着装以便装为主。老年服务生活照料人员分为在机构生活照料人员和居家生活照料人员两种。机构生活照料人员会有统一的工装，以简洁、大方、便于操作为主。居家生活照料人员在着装的选择上自主性比较大，但也应遵循前述的便装着装原则，做到干净、轻便、整洁、得体、便于操作。需要强调的是：出于整洁与卫生的考量，生活照料人员最好不留长发或是束发，着装不宜有过多装饰，色彩也不宜太饱满夸张。

任务三　掌握老年服务职业服饰选择和搭配的原则

一、基本原则

老年服务职业服饰选择和搭配应遵循以下基本原则。

1. TPO 原则

TPO 原则是职业服饰选择和搭配的通则，T(Time)代表时间；P(Place)代表地点；O(Occasion)代表场合。它要求职业服饰的选择和搭配力求和谐，考虑时间、地点、场合三方面因素。

(1) T 原则。服饰的时间原则是指在不同时代、不同季节应穿不同服装。

(2) P 原则。服饰的地点原则，实际上是指环境原则，它是指不同的工作环

境、不同的社交场面，着装要有所不同。着装还要根据环境场合的变化而变化，上班时不必过于艳丽、裸露，端庄大方的西装衬衫、套裙较为适合。

(3) O 原则。即场合原则，是指服饰要与穿着场合的气氛相和谐。社交中，不同场合有不同的着装要求。这里主要介绍喜庆欢乐的场合、隆重庄严的场合、华丽高雅的场合和悲伤肃穆的场合的服饰选择和搭配要求。

喜庆欢乐的场合，包括庆祝会、生日聚会、婚礼聚会等。喜庆欢乐场合的穿着应与人们高兴、快乐、兴奋的情绪协调，女士着装色彩可以鲜艳些，款式也可以新颖一些，以烘托活跃欢乐的气氛。应避免沉重的色彩和古板的款式。男士虽不能像女士那样穿红着绿，但白色或浅色西装、漂亮醒目的花色领带均适用于表现男士轻松愉快的心情。

隆重庄严的场合，包括开幕式、闭幕式、签字仪式、重要的会见活动、新闻发布会等。这些场合是正式的，要特别注意个人的公众形象和媒介形象，服饰的选择和搭配要衬托隆重庄严的气氛，不能随便。男士们应西装革履，正式、配套、整齐、洁净、一丝不苟；女士应穿上职业套装或较为素雅端庄的连衣裙，以体现职业女士在正规场合的风范。

华丽高雅的场合，多半为晚上举办的正式社交活动，如正式宴会、舞会、音乐会等。在这种场合女士的着装应较为华丽高贵，把自己打扮得漂亮一点，显示美好的气质和修养，可以穿连衣长裙、套裙，面料要华丽，质地要好，色彩应单纯（最好为单色）。服装可以有花边装饰，也可以选择胸针、项链、耳环、小巧漂亮的坤包等饰品。款式简洁的华丽裙装，更能体现超凡脱俗之美。男士们穿着深色西服，从头到脚修饰一新，即可以步入华丽高雅的场合。

悲伤肃穆的场合，如吊唁活动和葬礼等。这种场合的着装应避免刺眼的色彩和太引人注目的款式。到这种场合来的人，应该是抱着沉痛的心、肃穆的情绪，为亡故者而来，而不是来展示个人的自我形象，因此在服饰选择和搭配上应避免突出个性，表现自我，而是将自我的个性隐入这种特殊场合的群体氛围之中。男士可以穿黑色或深色西装配白衬衣、黑领带；女士不抹口红、不戴饰品、不用鲜艳的围巾，全身衣装应是深色或素色。在悲伤肃穆场合服饰的选择和搭配应使外表的肃穆与内心的沉痛协调统一起来。

2. 协调原则

协调原则，是指一个人的服饰选择和搭配要与他的年龄、体形、职业和环境等吻合，体现和谐美。具体原则如下。

(1) 服饰选择和搭配要和年龄相协调。

年轻人应穿着鲜艳、活泼、随意一些，这样可以充分体现出年轻人的朝气和蓬勃向上的青春之美。而中老年人的服饰选择和搭配则要注意庄重、雅致、整洁，体现稳重的成熟美。

(2) 服饰选择和搭配要与体形相协调。

现实生活中，并非每个人的体形都十分理想，若能根据体形选择和搭配服饰，扬长避短，则能实现服装美和人体美的和谐统一。

一般来说，身高较高的人，上衣应适当加长，配以低圆领或宽大而蓬松的袖

子，宽大的裙子、衬衣，这样能给人以“矮”的感觉，衣服颜色上最好选择深色单色或柔和的颜色。身高较矮的人，不宜穿大花图案或宽格条纹的服装，最好选择浅色套装，上衣应稍短一些，拉伸腿部比例；款式以简单为宜，上下颜色宜保持一致。体形较胖的人可选择小花纹、直条纹的服装，最好是冷色调，以达到显“瘦”的效果；款式上应力求简洁，中腰略收，后背扎一中缝为好，不宜采用关门领，以“V”型领为最佳。体形较瘦的人可选择色彩明亮、大花图案以及方格、横格的服装，给人以宽阔、健壮的视觉效果；款式上宜选择尺寸宽大、花纹有变化的、图案较复杂的、质地不太软的服装，切忌穿紧身衣裤，尽量避免穿深色的服装。另外，肤色较深的人穿浅色服装，会获得健美的色彩效果，肤色较白的人穿深色服装，更能显出皮肤的细嫩。

(3) 服饰选择和搭配要和职业相协调。

除了要和身材、体形协调之外，还要与职业相称。例如，医生穿着要力求稳重，不宜过于时髦；青少年学生穿着要朴实、大方、整洁，不要过于成人化；而演员、艺术家则可以根据职业特点，穿得时尚一些。

(4) 服饰选择和搭配要和环境相协调。

穿着还要与所处的环境相协调。在办公室应穿着整齐、庄重一些；外出旅游，应以便装为宜，力求宽松、舒适，方便运动；日常居家，可以穿着随便一些，但如有客人来访，应请客人稍坐，自己立即穿着整齐，以免失礼。除此之外，在一些较为特殊的场合，还有一些专门的穿着要求。例如，在喜庆场合不宜穿得太素雅、古板；庄重的场合不能穿得太宽松、随便；悲伤的场合不能穿得太鲜艳等。

3. 色彩原则

服饰的选择和搭配要想在色彩上获得成功，最重要的是要掌握色彩的特性、色彩的搭配方法以及正装的色彩选择方法等。

(1) 色彩的特性。

色彩具有冷暖、轻重、收缩与扩张等特性。

① 色彩的冷暖。

暖色使人产生温暖、热烈、兴奋之感，如红色、黄色；冷色使人有寒冷、抑制、平静之感，如蓝色、黑色、绿色。

② 色彩的轻重。

色彩的明暗变化程度称为明度。不同明度的色彩给人以轻重不同的感觉。色彩越浅，明度越强，它使人有上升之感、轻感。色彩越深，明度越弱，它使人有下垂之感、重感。人们平日的着装，通常讲究上浅下深。

③ 色彩的收缩与扩张。

色彩的波长不同给人收缩或扩张的感觉有所不同。一般，冷色、深色属收缩色，暖色、浅色则为扩张色。运用到服装上，前者使人苗条，后者使人丰满，恰当应用二者皆可使人在形体方面避短扬长，若运用不当则会在形体上出丑露怯。

(2) 色彩的搭配方法。

色彩的搭配主要有统一法、对比法、呼应法。

① 统一法。即配色时尽量采用同一色系中各种明度不同的色彩，按照深浅程度搭配，以便创造出和谐感。例如，穿西服按照统一法可以选择这样搭配，如果采用灰色色系，可以由外向内逐渐变浅，深灰色西服→浅灰底花纹的领带→白色衬衫。这种方法适用于工作场合或隆重庄严场合的着装配色。

② 对比法。即在配色时运用明暗两种特性相反的色彩进行组合的方法。它可以使着装在色彩上反差强烈，静中求动，突出个性。

③ 呼应法。即在配色时，在某些相关部位可以搭配同一色彩，以便使其遥相呼应，产生美感。例如，在社交场合穿西服的男士讲究“三一律”——公文包、腰带、皮鞋的色彩相同，即为此法的运用。

(3) 正装的色彩。非正式场合所穿的便装，色彩要求不高。正式场合的着装色彩应当以少为宜，最好控制在三种之内，这样有助于保持正装保守的风格，显得简洁、和谐。

标准的正装色彩是蓝色、灰色、棕色、黑色，衬衫的色彩宜为浅色（白色最佳），皮鞋、袜子、公文包的色彩宜为深色（黑色最为常见）。此外，肤色也影响着装色彩的选择。皮肤白净的人，对颜色的选择性不那么强，穿什么颜色的衣服都合适。暗黄或浅褐色皮肤的人要尽量避免穿深色服装，特别是深褐色、黑紫色的服装。一般来说，这类肤色的人选择红色、黄色的服装比较合适。肤色呈病黄或苍白的人，最好不要穿紫红色的服装，以免使脸色呈现黄绿色，加重病态感；皮肤黑中透红的人，则应避免穿桃红、浅绿等颜色的服装，可穿浅黄、白等颜色的服装。

二、饰品类型及其佩戴原则

在从事老年服务工作时，饰品的佩戴原则是尽量从简从少，因为佩戴过多的饰品会对展开工作造成一定影响。一般来说，护理人员尽可能不要佩戴饰品，这样可以更方便地开展工作；行政管理人员可以佩戴适量、符合基本礼仪的饰品。

（一）基本的饰品类型

1. 项链

佩戴项链应和年龄及体形协调，如脖子细长的女士佩戴仿丝链，更显玲珑娇美；年龄较大的女士适合选用粗实成熟的马鞭链。佩戴项链也应和服装相呼应，例如，身着柔软、飘逸的丝绸类服装时，宜佩戴精致、细巧的项链，显得妩媚动人；穿单色或素色服装时，宜佩戴色泽鲜明的项链。

2. 戒指

选择戒指时，应考虑其与手指形状、肤色相配。一般来说，戒指应戴在左手，且一只手上尽量只佩戴一枚，手粗大且多肉者，应选小巧的指环式的戒指；手指修长匀称者，任何形态的戒指均可选择；而过于瘦弱的手指，不适合佩戴具有沉重感的大型戒指；肤色较深者较适合佩戴纯金戒指，肤色较白者则适合白金戒指；银戒指的适用性极好，无论什么肤色，皆适合佩戴。

3. 手镯及手链

手镯及手链是一种佩戴在手腕部位的首饰，备受女性青睐，其佩戴也颇有讲究。相对于戒指来说，佩戴手镯没有严格的个数限制，如果只戴一只应戴在左手；戴两只可以都戴在左手上，也可以左右手各戴一只；多于两只则应都戴在左手上，不过戴三只以上的情况比较少见。戴手镯时，应考虑手镯内径的大小与手腕的粗细，手链佩戴的规范与手镯大致相同。如果佩戴手表，那么手链与手镯不应与手表戴在同一只手上。如果同时戴手镯或手链，耳环、项链等饰品，一般可省去项链或只戴短项链，以免三者在视觉上重复，影响美感。如果戴手镯或手链又戴戒指时，则应考虑式样、材质、颜色等方面的协调与统一。

4. 耳环

耳环的佩戴也应与自身的条件、服装等协调一致，圆形丰满脸型者可以佩戴垂吊式耳环，尖形、长方形均可，切忌选择四方、三角或纽扣形的耳环；长形脸者，可选择短而圆的耳环，如纽扣形或者稍大些的不规则形状，可使脸部显得较宽；椭圆形脸者，各式耳环皆可佩戴。身材纤细瘦小的人，应戴小巧秀气的耳环；身材高大、脸型宽大者，则应戴大型耳环。上班时，最好选简洁的耳饰进行搭配，这样会显得端庄稳重，而戴眼镜的女性不宜佩戴过大的耳饰，可选择小巧玲珑的耳钉、耳坠等。

5. 胸针与胸花

胸针可别在领口、襟头等位置，传统的佩戴法是将胸针别在外套的翻领上。胸针式样要与脸型协调，长脸形者宜佩戴圆形胸针；圆脸形者应佩戴长方形胸针。胸花应根据服装的色彩、面料、款式来选择，白色衣配上天蓝色或翠绿色胸花，形成冷调的协调美，红色衣裙配以黄色或本色系胸花则形成暖调的和谐美。

一般只有在较为正式、隆重的场合才会选择佩戴胸针或者胸花，在工作场合一般无须佩戴。

6. 发饰

发饰，此处指的是女性在头发上使用的兼具束发、别发功能的各种饰品，常见的有头花、发带、发箍、发卡等。选择发饰宜强调其实用性，而不宜偏重装饰性。通常，头花以及色彩鲜艳、图案花哨的发带、发箍、发卡都不宜在上班时佩戴。

（二）佩戴饰品的原则

1. 质地精良

饰品有传统保守的，也有时尚流行的。前者一般用贵重材料制作而成，质地较好，价值较高；后者一般用较为普通的材料制作而成，价格相对低廉，但款式多样。在正式的社交场合，为了表示对活动的重视、对他人的尊重以及显示个人的气质品格，最好佩戴质地精良的饰品。

2. 恰当一致

饰品相对服装来说处于从属地位，起点缀作用，并非多多益善，如果浑身上

下珠光宝气，挂满饰品，则会令人感觉庸俗，没有丝毫美感。所以，佩戴饰品应本着少而精的原则，点到为止，恰到好处。一般，佩戴饰品以不超过三件为宜，而且场合越正规，佩戴的饰品就应当越少。同时还要注意饰品质地的一致，力求同色，要金全金，要银全银，不能金银、玉石等随便搭配，显得混乱且没有品位，佩戴镶嵌宝石类饰品时，应该尽量保证主色调的一致性。

佩戴饰品时，应根据以上原则，选择一两件最适合的，以达到画龙点睛之效。

模块五

老年服务沟通礼仪

学习目标

1. 了解老年服务语言沟通礼仪。
2. 掌握语言沟通的主要技巧。
3. 会使用非语言沟通。

◆ 任务一　知语言　明礼仪

◆ 任务二　善沟通　重技巧

◆ 任务三　学会使用非语言沟通

任务一　知语言　明礼仪

案例导入

赵磊医学院毕业后在一家知名医院老干部门诊就职。赵磊性格外向开朗,他觉得老干部门诊的就诊者一般都是反复就诊的,所以应该和他们亲密一些,加深了解和信任。因此,每次在问诊时,他除了一般的工作语言外,还会主动牵起话头和对方聊天。奇怪的是,他的主动示好似乎并没有让就诊者和他亲近起来,反倒是有不少人对他态度冷淡,不愿意再接受他的诊疗服务。某天,已退休的陈硕到医院就诊,看到其他诊室门口都排着长队,只有赵磊所在诊室门前人不多,就挂了赵磊的号。很快,陈硕就进入了诊室。赵磊面带微笑看着他,大声招呼:"嗨,来了,这边坐。"陈硕迟疑了一下,走上前坐在赵磊的对面。

"小伙子,你认识我?"陈硕问。

赵磊说:"我面前每天来来去去的都是你们这种老人,我看起来都差不多。你是第一次来吗?"

"是呀,我第一次来你们医院。"

"那你以后得常来,我好记住你哈～喂,你叫陈硕?"

"是。可是我不想常来。"

"那可由不得你,你以后一定会常来,到了你这个年龄,以后跑医院会越来越勤。"

"哦,年纪大的人是不能跟你们年轻人比。"陈硕心里有点不大舒服。

"要看比什么哈,在这个拼爹的时代,年轻人压力山大呀!"

"什么意思?"

"哈哈,代沟呀,回去问你儿子吧。来,衣服掀起来,我听一下。"

……

之后的问诊过程很顺利,但是陈硕心里憋着一种说不出的不愉快。出门后,陈硕低声地对自己说:"怪不得这儿人最少。"

问题讨论:

1. 为什么陈硕觉得心里不舒服?
2. 赵磊的主观意愿和客观现实之间的错位是怎么形成的?
3. 案例中赵磊的语言沟通有什么不当之处?

语言是由语音、词汇和语法构成的符号系统。一般情况下,在运用语言与人交往时,应注重目的性、对象性、诚实性和适应性。我们通过语言来表达思想、交流情感、沟通信息,也通过语言来树立职业形象,展示职业能力。

老年服务从业人员的服务对象主要是老年人。随着年龄的增长，老年人在心理上和生理上都发生着各种变化。生理上的衰微和因退出主流视线而产生的心理上的失落感，使得老年人更加渴望被尊重和理解，更加看重周围的人在言行举止上对他们表现出的情感和重视。老年服务从业人员在为老年人提供服务时，应该针对老年人的心理和生理特点，掌握一些说话的艺术，在言语间体现对他们的尊重和理解，这是联系情感、加深信任、提供优质服务的重要途径。

一、语言要尊敬有礼

（一）称呼要得体自然

准确而又妥帖的称呼可以表达对老年人的尊重和友好，而不恰当的称呼则令人心生不快，影响沟通。对于老年服务从业人员来说，对老年人采用的称呼是否得体很大程度上影响着服务品质和老年人的感受。那么，哪些技巧能帮助老年服务从业人员学会使用得体的称呼呢？

1. 掌握对老年人的习惯称呼

得体的称呼是尊老敬老的表现之一。如“老先生”“老人家”等冠以“老”字头的叫法，就让人产生被尊重感。在一些非正式场合使用的“叔叔”“阿姨”“大叔”“大妈”等称呼能迅速拉近与服务对象的距离，产生亲近亲密之感。对一些德高望重的老年人则可敬称其“××公”“××老”。

2. 称呼要视人而定

有些老年人严谨认真，有一定的名望和地位，与其交往时，应用敬称称呼对方，以体现对其的尊重及敬意。但是，也有些老年人却不喜欢人们把他往老字辈上“架”，他们喜欢年轻一点的称呼。例如，有一位老先生因为面相比较老，经常有年轻人叫他“老人家”“大爷”，每到这时，他就会自动屏蔽这些称呼，不爱搭理；若是碰到人家喊他“老哥”，他就会迅速答应。有的老年女性时常纠正小孩子给她的“奶奶”称呼，一定要让他们改叫“阿姨”。这些老年人心态积极，退休后有的积极参加各类老年社团，参与各项社会活动；有的报读老年大学，寻找自己的兴趣；也有的注重形象，善于保养并用心打扮。他们共同的心理特点就是展示自己心态和状态的年轻。因为年轻的心态和状态让他们重新拥有自信。与这类老年人沟通时，不妨试着换个年轻一点的称呼，让其感觉自己真的还年轻。

（二）敬语谦辞要恰当合宜

1. 用语文明礼貌

尊老敬老是评价一个社会文明程度的重要标准之一，从事老年服务工作的我们更应该站在尊老敬老的最前沿，身体力行地把我们对老年人的尊敬与热爱通过每一个细节体现出来。老年服务从业人员在与服务对象沟通与交流的过程中，应当恰当合宜地使用敬语谦辞。这不仅是尊老敬老的体现，也是成为一名优秀老年服务从业人员的基本素质。那么，如何恰当合宜地使用

敬语呢？根据使用的不同场合和目的，服务人员常用的文明礼貌用语可分为问候语、迎送语、请托语、致谢语、询问语、应答语、夸赞语、祝贺语、推托语、致歉语等十种类型。

(1) 问候语。

适用于老年服务从业人员采用的问候语分为两种形式。一是标准式，即直截了当地向对方问候，如“您好”“大爷好”“阿姨您好”等，也就是在问好之前，加上人称代词或称呼语。二是时效式，即在特定的时间使用的问候语，如“早上好”“大妈早上好”“叔叔阿姨晚上好”“周末好”等，具体方式是在问好、问安前加上具体的时间，还可在时间前加上对对方的尊称。

(2) 迎送语。

适用于在迎接或送别老年人时使用。使用迎送语的要点有三个方面。一是展现热情与友好，如“有什么可以帮助您的吗”“您走好”“有什么需要再来找我”等。注意，从事老年疾病康复护理方面的老年服务从业人员慎用“欢迎”“下次再来”之类的迎送语。二是表现重视。当老年人再次到来时，迎接语中应表明自己记得对方，以使对方产生被重视的感觉，如“大爷，我们又见面了”“阿姨，您来了”“王老先生，这次您有什么需要我们提供帮助的”“张姐，多多保重”“大妈，回头我去看您”等。三是使用迎送语的同时应该向对方施以点头、微笑、鞠躬、握手、注目等辅助肢体语言。

(3) 请托语。

老年服务从业人员在从事具体的服务工作时，难免有需要理解或是寻求帮助的时候。这时，就需要使用请托语。请托语分为两种形式。一是标准式，当服务人员向老年人提出具体的要求时，加上一个“请”字，就会显得文明有礼，如“请稍候”“请让一下”“请这边坐”等。二是求助式，求助式常用于请人让路，请人帮忙，打断对方的谈话等情况，求助式请托语的代表词汇是“劳驾”“拜托”。

(4) 致谢语。

致谢语也称感谢语。遇到以下六种情况时应使用致谢语：一是获得帮助；二是得到支持；三是赢得理解；四是感受善意；五是婉言谢绝；六是受到称赞，常用致谢语有 “谢谢您”“非常感谢”“谢谢您的理解”等。

(5) 询问语。

老年服务从业人员在服务过程中需要了解老年人的需求和感受时，常会用到询问语。常用的询问语主要有：主动向服务对象提供帮助时所用的主动式询问语，如“需要帮助吗”“您需要什么”“您想要哪种”；向服务对象征求意见或建议时所用的封闭式询问语，如“您觉得这样好吗”“我的力道合适吗”；提出方案供服务对象选择时所用的开放式询问语，如“您是要白色还是蓝色”“您要不要跟我一起去看一下”。

(6) 应答语。

应答语用于对服务对象的回应或是答复。在老年服务工作中，使用应答语的基本要求是：随听随答，有问必答，灵活应变，热情周到，尽力相助，亲切有礼，不失恭敬。根据适用情况的不同，应答语分为三种。一是应诺式应答语。用来

答复老年人的要求，如“好的，我明白了”“我会尽量做好”“随时为您服务”等。二是谅解式应答语。当向服务人员收到致歉时，服务人员用谅解式应答语表示谅解与宽容，如“没关系的”“我不介意”“不必，不必”“我没事，您别放在心上”等。三是谦恭式应答语。服务人员在收到感谢或是夸赞时用谦恭式应答语来表示谦逊，如“您太客气了”“没什么，这是我的分内之事”“举手之劳，何足挂齿”“过奖了”等。

(7) 夸赞语。

用于人际交往中对他人的肯定和赞美。适时适度地使用夸赞语不仅可以带给老年人愉悦感和自我肯定，也可成为与老年人之间进一步沟通联系的润滑剂。老年服务从业人员在工作中要学会正确合理地使用夸赞语，具体说来，就是恰到好处，宜少不宜多。老年服务工作中常用的夸赞语有“您真有眼光”“您今天气色好极了”“需要向您学习的地方太多了”“您说得没错”等。

(8) 祝贺语。

吉祥、真诚的祝贺是一种正能量，能够带给他人幸福与满足。老年人群体更加看重情绪的表达和情感的分享，老年人服务从业人员应学会适时灵活地为老年人送上祝福和祝贺，与他们形成情感上的支持与共鸣。

(9) 推托语。

当老年服务从业人员不一定能够完全满足老年人的需求和愿望时，就需要用推托语向其表达友好和真诚，最大限度地平复和抚慰老年人的失望心理，使他们容易接受这种“不得已的拒绝”。当我们需要向老年人表达拒绝时，可以直接向对方致歉，如“对不起，我确实做不到”；也可以转移对方的注意力，如“您要不要看一下其他的”；还可以向对方做出合理的解释，如“这是固定好的，我无法移动”“我们这儿有相关规定，我不能违规操作”。

(10) 致歉语。

老年服务工作中，当给老年人带来不便，或可能干扰到老年人时，需用致歉语向其表达歉意。常用的致歉语有“抱歉”“对不起，请原谅”“真是过意不去”等。

2. 了解一些常用的谦辞敬语

在老年服务工作中，应对特殊的场合或是服务对象时，谦词敬语的正确理解和使用可以体现服务人员的综合素质和职业水平。

部分常用谦辞如下。

(1) “家父”“家严”用于称呼自己的父亲，“家母”“家慈”用于称呼自己的母亲。

(2) “小儿”“小女”分别用于称呼自己的儿子和女儿。“小”字用来谦称自己或与自己有关的人或事物，如男性在朋友或熟人之间谦称自己时用“小弟”。

(3) “愚兄”用来向比自己小的人称自己，“愚见”用来称自己的见解。

(4) “拙”字用于对别人称自己的东西。如用“拙笔”谦称自己的文字或书画，用“拙著”“拙作”谦称自己的著作文章，用“拙见”谦称自己的见解。

(5)用“敝人”谦称自己,用“敝处”谦称自己的房屋,用“敝校”谦称自己所在的学校。另外还有用“寒舍”谦称自己的家;用“犬子”谦称自己的儿子;用“抛砖引玉”谦称用自己粗浅的、不成熟的意见引出别人高明的、成熟的意见;等等。

部分常用敬语如下。

(1)“令”用在名词或形容词前表示对别人亲属的尊敬,有美好的意思。如,“令尊”“令堂”是对别人父母的尊称;“令兄”“令妹”是对别人兄妹的敬称;“令郎”“令媛”是对别人儿子、女儿的敬称;等等。

(2)“请”用于希望对方做什么事。如,“请问”表示希望别人回答,“请教”表示希望别人指教。

(3)“高”用来称别人的事物。如,“高见”是对别人见解的尊称,“高足”是对别人的学生的尊称;“高寿”用于问老人的年纪,是对其年纪的尊称。

其他常用敬语有:见谅,客套话,表示请人谅解;借光,客套话,用于请别人给自己方便或向人询问;垂爱,敬辞,称对方(多指长辈或上级)对自己的爱护(多用于书信);久仰,表示仰慕已久(初次见面时说);劳驾,用于请别人做事或让路;赏脸,用于请对方接受自己的要求或赠品。

(三)语言要通俗易懂

语言要通俗易懂是指要使用平实的、生活化的语言,少用或不用流行语。因为流行语的“流行”都有一个过程,而且不同文化程度、不同修养、不同语言习惯的人对流行语的态度也不相同。流行语使用的场合常常有一定的限制,一般只限于亲朋好友、地位身份相当的人的日常交际。社会地位和文化层次高的人,特别是女性和中老年人,在使用流行语时有很大的选择性,一般只在开玩笑或表达幽默时才偶尔使用那些已经家喻户晓的流行语。

由于老年人自身的心理和生理原因以及社会对老年群体提供信息资源条件方面的原因,老年人接收信息的速度与量及接收流行语的尺度都会受限。这就要求老年服务从业人员在与老年人进行言语沟通和交流时,尽量不使用可能会对交流产生障碍的流行语。使用能够让老年人“愿意听”“听得懂的话”也是一种尊重。

二、语言要得体悦人

老年人人际关系范围小,生活节奏缓慢,生活内容简单,因此常常会在心理上产生深深的失落感和孤独感,再加上其自身的生理原因及社会对老年人的角色定位对其产生的影响,有些老年人易失去自信心,觉得自己无能无用;随着年龄的增长,身体机能的衰退,疾病的困扰也成为老年人的心病,让其焦虑且缺乏安全感,最终形成了老年人独特的心理特征:自尊与自卑相互缠绕与依托。这种心理必然会对老年人的日常人际沟通产生重要的影响。因此,经常与老年人接触与交往的老年服务从业人员在与老年人交往沟通的过程中,应了解他们的忌言讳语,在言语上多加注意,给予老年人更多的尊重与体贴,以便更好地推进

服务并提高服务质量。

（一）忌用“老头儿”“老太婆”的称谓

很多时候，我们都能够听到身边的人称呼年老者为“老头儿”“老太婆”，这样的称呼传递出的是白发苍苍、身躯伛偻、老迈无用的形象，言语中有轻慢无礼之意。对于自尊心极强，渴望得到尊重的老年人来说，这样的称呼是很难接受的。

（二）忌谈关于死亡的话题

对于身体机能日渐衰退，已能明显感觉到自己步入生命的夕阳之中的老年人来说，对死亡有着本能的敬畏。不管是对死亡有恐惧，还是对死亡很坦然，死亡毕竟是一个沉重的话题。而作为老年服务从业人员的我们，需要传递给老年人的是希望与信心，是珍惜和把握美好生活的正能量。所以，老年服务工作中，除非特殊情况，应当尽量避免谈论关于死亡的话题。

（三）忌提“无用”

“您年纪大了，身体又不好，哪里管得到这么多。能管好自己就不错了。”这句话在日常生活中经常被我们用来劝慰那些闲不住、爱管事、爱操心的老年人。其实，老年人听到这句话往往不是怒而反驳就是心中生怨。这是因为老年人最怕别人说他们“没用”。其实老年人都乐意做一些有意义的事，即使身体真的不好，也愿意以自己的人生阅历为晚辈提供参考意见。而原本是希望老年人不要太操心，应多多休养，照顾好自己的美意却因为语言使用不当而给老年人带来被否定的挫败感和失落感。因此，这类让老年人联想到“无用”的言语，应谨慎使用。

（四）忌否定经历

尊重老年人要求我们也要尊重他们的经历。每个人的生活态度和价值观都和自己所处的时代有关。老年人的人生经历及留下的时代记忆是他们生命中最珍贵的东西，他们对那一切有着无法替代的情感。老年服务从业人员应当尊重并保护老年人心中那份独特的经历和情感，而不是自以为是地加以评价。

（五）忌聊“家丑”

幸福的家庭是很多人的追求和梦想，但现实生活中，许多家庭都会有一些纷争。在老年人心目中，这些“家丑”是不足为外人道的。老年服务从业人员经常接触老年人，包括老年人的家庭，也许会对其家庭情况比较了解，但一定不能主动和老年人去聊其“家丑”，避免给他们带来难堪和不快。

任务二　善沟通　重技巧

案例导入

一个月前，社区工作人员小王在社区广场上遇到在本社区居住的熟人张阿姨。两人在闲谈时，张阿姨提出请小王帮她物色一名家政服务员，并让小王一周内给个回话。小王在接受了张阿姨的委托后却把这件事情忘记了。一直到十几天以后才想起自己还没有落实这件事，也不好意思给张阿姨回话。自感理亏的小王怕被张阿姨责怪，开始有意回避张阿姨。

问题讨论：

1. 小王的行为有什么不当之处？她应该怎么做？
2. 小王如果向张阿姨道歉，该怎么说？

一、常用沟通技巧

（一）问询的技巧

日常生活和工作中，不可避免地会遇到一些不了解的事项需要向人问询。当问询对象是老年人时，应注意些什么？怎样问询会更好？这是经常接触老年人的老年服务从业人员必须学习并掌握的知识和技巧。

1. 礼貌称呼不可少

很多时候，我们会忽视这一点。比如最常见的问询形式之一——问路，问路时有些人会说："哎，请问一下××××怎么走？"这话乍一听没有问题。有礼貌用语，句式合乎规范，语气也还温和。可是，这句话里所体现的是对问询结果的关注，而忽视了对被提问者的尊重。任何接受我们问询的人的角色都不是"被问询者"，而是因为有了我们的问话才让他们临时扮演了"被问询者"的角色。在我们使对方被动地扮演这一角色时，更应该体现我们内心对对方的尊重和感激，而这份尊重与感激首先应体现在合理规范的礼貌称呼上。对老年人的礼貌称呼主要有"大爷""大妈""叔叔""阿姨""老人家"等，具体称呼应根据地域习惯、对方年龄、问话场所等来选择。

2. 语速适中，声音清亮

向老年人问询时，一定要适当地放慢语速，并且略微抬高声音，清晰、准确、完整地说清问询事项。遇到听力不佳的老年人，需要反复问询，这时，一定要有耐心，温和平静地重复问题。

3. 致谢用语别忘记

问询结束后，要向问询对象回应并致谢。不可一言不发，转身离去。比如，"哦，我明白了，谢谢""好，我记下了"。

（二）介绍的技巧

在老年服务从业人员的日常工作中，经常需要向服务对象就某一事项或是某一物品做介绍。介绍也是老年服务从业人员的重要工作内容和技能之一。在为老年人做介绍时，应当语速放缓，吐字清晰，还应当尽可能地使用通俗易懂的语言，少用专业名词。在介绍的过程中当发现老年人有疑问时，应停下来，目视对方鼓励其大胆说出问题，并认真倾听解答。在整个介绍的过程中，应该关注老年人的反应，以便及时调整音量、语速或表达方式。

（三）安慰、解释的技巧

1. 安慰的技巧

在人际交往中，我们常常会对正处于烦闷、忧郁、伤心、失落等负面情绪中的交往对象进行安慰。老年服务从业人员经常与老年人接触交往，也常常会遇到需要安慰的老年人。事实上，老年人心理十分敏感与脆弱，相比其他人群，他们可能会需要更多的安慰与理解。因此在必要且恰当的时间对老年人进行安慰会使得老年人感到受关注和受重视，也会在一定程度上缓解他们的负面情绪。只有恰当的安慰才能真正起到给予被安慰者支持与关爱的作用。因此，老年服务从业人员应该了解安慰的语言技巧。

(1) 身体不好的老年人在接受照护服务时，有的会有些难为情，有的会产生伤感情绪。遇到这样的情况，老年服务从业人员要学会用语言转移老年人的关注点。

例如：

老人："我都成了废人了。"

服务人员小A："这话怎么说的，您怎么会是废人呢？"

老人："你看我病成这样，什么都干不了，多拖累人呀！"

服务人员小A："大妈，您身体好的时候，本来什么都能干，而且干了很多。现在老了，身体不好了，晚辈们伺候您、照顾您也是应该的，您不要有什么负担……"

(2) 老年人在最初罹患某种疾病，尤其是半身不遂时，都会比较悲观。当遇到这样的老年人时，老年服务从业人员应当引导老年人积极地想问题。

例如：

老人："你说说我怎么这么倒霉呀！"

服务人员小A："怎么了？"

老人："为什么就让我摊上这个病？"

服务人员小A："大妈，对待生病，咱要有两个原则，第一，不刻意，第二，不惧怕。谁也不愿意生病，但是，既然已经病了，咱就得积极配合治疗。心里别老想着病，您的病就好了一半了……"

(3) 有些老年人喜欢把死挂在嘴边上，他们一方面恐惧死亡，另一方面又都很客观地为迎接死亡做心理准备。对于这种情况，我们应当大方自然地回应和安慰，不能回避和躲闪。

例如：

老人："我这么活着真是多余。"

服务人员小 A："为什么呢？"

老人："这病也好不了了，活着也是受罪，还不如死了算了！"

服务人员小 A："大妈，我可不赞成您这么说，俗话说，好死不如赖活着。咱们每个人能活着本身就是一个很大的奇迹。只要好好活着，没准儿哪一天，科学取得重大突破，您的病还能治好呢！……"

总而言之，安慰老年人时，一定要注意不能让自己与对方一起陷入负面情绪中，更不能陪着对方一起伤感，一起掉眼泪，这样会增加安慰对象的心理负担和压力。给予服务对象安慰的目的是帮助他们减轻或摆脱负面情绪，应尽力传递积极的正能量给对方，对其进行正面支持与引导。

2. 解释的技巧

解释分为主动解释和被动解释，目的是消除服务对象心中的疑虑或避免误会的发生。

(1) 主动解释。

主动解释多为老年人对老年服务从业人员及其服务活动表现出疑虑或可能产生某种误会时，由老年服务从业人员作出。老年服务从业人员想要为老年人提供优质服务，一个非常关键的要素就是要赢得老年人的接纳和信任。而这种接纳和信任的建立和维护需要老年服务从业人员自始至终地重视和努力。老年人多数防备心较重，疑虑较多且心思细腻，在与老年服务从业人员交往时他们会格外关注细微之处，往往会放大老年服务从业人员工作中的小疏漏，进而改变对老年服务从业人员或是服务活动的认知和判断。因此，老年服务从业人员对于可能会引起疑虑和误会的事情要多留心，慎重为之。对于老年人态度的变化要善于观察，及时发现，认真处理。而学会在恰当的时间用恰当的方式作出主动解释就是解决这类问题的最好办法。

① 解释应及时。

当老年服务从业人员感知某事项可能会给老年人带来疑虑或不愉快时，就应及时向老年人就该事项做出解释，以期得到对方的理解和原谅。当某项必要活动或某事物是老年人所不熟悉、不了解的时候，老年服务从业人员应先把相关事项向老年人解释清楚，避免之后可能会发生的误会。

② 解释应真诚合理。

在向老年人做出解释时，一定不能与事实和常理相悖。若解释经不起推敲，或不能自圆其说，会让老年服务从业人员的信用在老年人面前彻底垮塌。

③ 解释应符合老年人的心理及情感特点。

很多时候，为了抚慰或顺应老年人的情感需求和健康状况需要，老年服务

从业人员需要用“善意的谎言”去向对方解释。虽然解释的理由不一定真实，但态度一定是真诚的，动机一定是善意的，目标一定是为了促进疑虑的消除和避免误会的发生。

(2) 被动解释。

被动解释是老年服务从业人员应老年人的要求而对某一事项做出的说明。在这种情况下，老年服务从业人员不仅要及时合理、顺应情势地进行解释，还要注意以下几点：

① 不厌其烦。

老年人心有疑虑时总会反复求证，老年服务从业人员一定不能流露出不耐烦或不想再解释的态度，应平和细致地回复老年人的问题，有问必答。

② 淡定从容。

如果老年服务从业人员在解释时表现得思维混乱或情绪焦躁，会加重老年人的疑虑和担心，会使得原有的误会进一步扩大，应学会举重若轻。

③ 不惧冷眼。

如果老年人真的对老年服务从业人员或其所在机构有所误会，他们可能会冷眼相待，对老年服务从业人员的解释置若罔闻或粗暴打断，这时，就需要老年服务从业人员不惧冷眼、平和应对，对对方的态度多一些包容和理解并观其形势，寻找合适的时机再行解释。

例如：

> 老人：“你们那个×××(某服务人员)都好几个礼拜没来看我了！”
> 服务人员小A：“您想他了是吗？”
> 老人：“他原来答应我……”(承诺了某件事)
> 服务人员小A(微笑)：“他肯定是因为工作、学习方面的原因，近段时间来不了，他有时间一定会来的，怎么会忘了您呢？”

先通过恰当的解释，解除老人对那位老年服务从业人员的不满。然后可通过和老人攀谈，了解原来的老年服务从业人员承诺的是什么，再寻找适当的解决办法。

(四) 致歉、致谢的技巧

1. 致歉的技巧

当老年服务从业人员做错事或给老年人带来困扰和不便时，常需要向老年人致歉，有效的致歉需要：谦虚的心态，得体的用语。以下是常用的致歉技巧，它们同样适用于老年服务从业人员与服务对象之间。

(1) 致歉需及时。

一旦知道自己发生错误或失误就应当第一时间致歉。拖得越久，对方就会越生气，误解就越难以澄清，进而扩大当事人双方的矛盾。

(2) 致歉要大方。

做错事不是耻辱，虽要求致歉者态度谦虚，但不要过分贬低自己，否则容易

被人看不起或使对方得寸进尺。

(3) 致歉用语应当文明规范。

当心感有愧于他人时，可说“深感歉意”“非常惭愧”；当渴望对方原谅时，“多多包涵”“请您原谅”是恰当的表达；在有劳别人时，应说一声“打扰了”“麻烦您了”；而一般场合，致歉时需说“对不起”“很抱歉”“失礼了”；等等。

(4) 可借物致歉。

有些致歉当面难以启齿，可写信或是借物表达心中的歉意。比如，可借花表意，赠物致歉。

需特别注意的是：致歉不是万能的，有些情况下，致歉不仅不能让对方接受，还有可能在对方情绪激动时火上浇油，事与愿违。所以致歉无用时，不如用实际行动打动对方，赢得对方的谅解。

2. 致谢的技巧

老年服务从业人员与服务对象的关系是工作和情感的双重关系。当得到老年人的帮助时，真诚的致谢是给对方最好的回馈。致谢的常用技巧如下。

(1) 及时主动。

及时主动地致谢，可显示真诚。尽管许多人帮助他人并不指望得到回报，但对于受帮助的人来说，一定要及时而主动地表示真诚的感谢，这将成为人际关系最好的推动剂。

(2) 诚实守信。

有时为了能尽快解除麻烦或困难，人们会公开寻求帮助，许诺一旦帮助成功，就给予某种方式的酬谢。这也不失为行之有效的求助的方法。但一定要恪守诺言，决不能说话不算数。不管对方付出的劳动如何，不管对方是出于何种动机，只要确实提供了帮助，就应该不折不扣地兑现诺言。

(3) 要掌握好度，力求做到合理恰当。

和做其他事情一样，对别人致谢也要掌握分寸，力求适度，过分和不足都有所不妥。

(4) 不要一次性处理。

帮助与感谢是感情的交流，对方帮助你，本身就是一种情谊，对情谊的回报，除了物质上的必要馈赠之外，最好用同样的情谊来回馈。这样，才能体现人与人之间的温暖，才能建立更加密切的人际关系。

(五) 营销、劝说的技巧

1. 营销的技巧

随着社会生活的丰富和老年人生活观念与消费观念的变化，越来越多的老年相关产业得到蓬勃发展，市面上出现了越来越多的老年产品。老年人的消费观念和消费心理与其他人群有着一定的不同。从事老年产品销售的人员应当在熟悉老年人心理特点和消费习惯的基础上，掌握相应的营销技巧，以推动工作的顺利开展。老年产品营销也是一种服务，应当切实从保护老年人的消费权益出发，为老年人的生活和健康消费提供好服务。老年产品营销服务的基本技巧如下。

（1）封闭式提问。

当可供选择的目标物范围较窄时，可用封闭式提问引导对方，例如："老人家，您要红色的还是绿色的？"其优点是能够缩小老年人选择的范围，帮助其理清思路，尽快做决定。

（2）语言加法。

例如："阿姨，您可以选择这种钙片。它有好几种口味，而且钙含量也高，最重要的是适合您的补钙需求。"采用语言加法让服务对象全面了解产品。但是应注意，要实事求是，不能夸大其词。

（3）卷芭蕉法。

即先顺着对方的意见，再转折阐述。例如："您说得对，这个东西确实不便宜。不过科技含量高的东西价格肯定不低，我们更看重的是它比其他的同类产品好用，值得起这个价。"不直接否定老年人的判断，而是顺着其思路进行引导，这样有利于消除老年人的排斥感。

（4）借人之口法。

例如："用过的顾客都说这个产品好，我在这儿工作三年了，一起质量投诉都没有。"许多时候，从众心理让人更在乎别人对某一事物的看法和判断。这种语言技巧可以激发老年人的购买欲。

（5）赞语法。

例如："这个产品是我们这里的镇店之宝，您真有眼光！"对老年人中意的某样产品给予肯定和称赞，能够让对方产生愉悦感，强化其购买中意产品的愿望。

（6）亲近法。

例如："您是老顾客，您看中的产品我一定会在价格上给您优惠。"对老年人的重视和关注会让其愉悦地购物。

在向老年人销售某种产品或是服务时，除了掌握基本的营销语言技巧外，还需端正心态，耐心细致，让老年人的购物行为成为一种愉悦的享受。一定不能对再三询问、谨慎小心、消费能力相对较低的老年顾客表现得不耐烦或轻视。

2. 劝说的技巧

老年人敏感、多疑、缺乏安全感。很多时候，他们会抱怨或情绪不稳定。作为老年服务从业人员，在为老年人提供服务的过程中，应关注他们情绪和心态上的动向，适时地给予劝导，帮助他们平复情绪，开阔心境。而在对老年人进行劝说时，同样要讲究方式方法。例如：

一位老人向服务人员抱怨："×××（邻床或者隔壁房间的其他老人）真讨厌！"负责照顾老人生活起居的小张关切地询问是怎么回事。老人就此开始发泄满腹牢骚与怨气，桩桩件件地数落着×××的"讨厌之处"。在耐心地听老人发泄过一阵后，小张在恰当的时候打断老人的抱怨，告诉老人："大妈，您这么生气真不值，别人有问题，是她们自己的错误，她们自己应当不舒服才对。别人犯错咱不给她买单，气着自己没人替。"

在这个案例中，小张的语言和表现就非常恰当。劝说时，我们先要了解老年人心中有不愉快的事或情绪不好时，吐露出来远胜于闷在心里。当老人选择

把心中的不愉快告诉老年服务从业人员，表明了他们对老年服务从业人员的信任和依赖。因此，老年服务从业人员就不要辜负老人的这份信任与依赖，应当静静地倾听，让其情绪有个出口。但是，也不能任由其沉浸在灰色情绪中，所以适当的时候要把他们的情绪拉回来。

任务三　学会使用非语言沟通

案例导入

又逢周末，地处闹市的某餐厅内，一场争执吸引了大家的注意。一位年近七旬的老人满面通红地对着一名二十出头的餐厅收银员说："我站得近一点，好让你看清楚。省得你斜着看伤了眼睛。"收银员回道："我不想和你这种人说话，走远点。"看到老人气得浑身发抖，有人轻拍老人的后背，边安抚边小声地问："大爷，怎么啦？"老人激动地讲述争执的过程："今天来给孙子买儿童套餐。我问她要个儿童套餐，她板着个脸问要哪种？我问有哪种？她噼里啪啦说了一串，我听都没听清楚，就又问了一遍。她看都不看我，说：'自己到旁边去看，让开，别影响后面的人点餐。'你说我要知道有哪几种套餐或者能看得明白，还要问她？……买个东西都要受气，看人脸色，我真的是太生气了。"

老人平复不了自己的情绪，一直絮絮叨叨地发泄着心中的委屈和不平。直到在众人和老伴的劝说下，老人才愤愤不平地离开了餐厅。

问题讨论：

1. 老人与餐厅收银员发生争执的原因是什么？
2. 餐厅收银员在服务过程中的不当之处有哪些？
3. 在为老年人提供服务时，服务人员在语言和神态上应当注意些什么？

非语言沟通是相对于语言沟通而言的，是指通过语气、语速、情绪、动作等方式交流信息、进行沟通的过程。

一、语气

感情的传递在很大程度上取决于"怎样说"，而不完全是"说了些什么"。而这个"怎样说"中非常重要的因素就是使用什么样的语气来说。我们知道，老年人敏感且自尊心较强，这就要求在与他们对话和交流时多一些肯定，少一些否定；多一些平和，少一些激动；多一些关切，少一些要求；多一些理解，少一些评论。

（一）多用肯定句，少用否定句

要学会适度地夸奖老年人。如"您身体真好，真硬朗，一点也不显老"等。与老年人交谈时，如果我们能真诚、慷慨地多赞美他们，他们一定会心情愉悦，那么谈话的气氛就会活跃很多。即使遇到老年人有不正确的心态和行为需要

纠正，也不要以“您说得不对，我认为是……”这样的词语作为交谈口头禅，而应该这样说：“我理解您的意思，您的意思是说……吗？嗯，我理解您的处境和目的，能不能考虑还有这些可能……”

（二）语气平和，推己及人

在与老年人对话时，应当带着对他们的共情、理解与关切去讲话。老年人听力和理解力通常都处于衰退期，和他们说话时，要减慢语速且稍微放大声音，吐字要清晰。但是这里的稍微放大声音指的是音量，而不是音调。不能把音量与音调相混淆。当一个人说话音调高时，接收者听觉所受的刺激相对较强，听久了会产生听觉疲劳，进而引起情绪上的焦躁或排斥。而一个人说话音调平和，则更符合听觉的特点，让人感觉平静、舒适，更有利于信息的传递。对于听力本来就有所损失的老年人，采用中音调和低音调要比高音调更适合他们的心理和生理特点。这就是我们所说的语气平和。

与老年人沟通时，我们应当时刻注意自己所用的语气、所说的内容是否让老年人感到被尊重、被关注。事实上，推己及人是在所有人际交往中都应该做到的。它要求我们换位思考，理解对方。

二、语速

老年人因为听力和思维能力的衰退，接受语言信号并进行语义加工处理的速度会降低。与其进行语言交流时，应适当放慢语速。

三、情绪、动作

为了给老年人提供专业的服务并使之心情舒爽愉悦，老年服务从业人员与其交流时，还需要注意保持积极的情绪和亲近的动作。

（一）保持积极的情绪

1. 耐心倾听老年人讲话

老年人一般都爱唠叨，这时我们要保持积极的情绪，耐心倾听，不随意打断老年人的讲话，尽量随时对其报以微笑。耐心倾听是给老年人的关爱，也是最起码的尊重。

2. 细心关注老年人的表情

与老年人谈话时，要关注对方的表情和反应，以便及时调整谈话内容、音量、语速等。老年人因某事而情绪不好时，我们尽量不要急于劝说，可先轻拍老年人的手或肩膀进行安慰，待其情绪稳定，再想办法转移话题，转移老年人的注意力。

（二）保持亲近的动作

倾听老年人说话时不要东张西望，眼神不要游离不定。眼睛注视对方的时间应该占整个对话时间的二分之一到三分之二，以示对谈话内容的兴趣。要尽量靠近老人，坐下来或是弯下腰平视老年人。不要让老年人追着你说话，也不要让老年人被迫抬头跟你说话，这样会让老年人觉得你很高傲，不愿意接近她。

模块六

老年服务工作礼仪

学习目标

1. 熟悉上门拜访老人的基本流程和礼仪规范。
2. 掌握接待老人家属的礼仪要求和注意事项。
3. 明确日常照料老人的礼仪要求，并将其运用到实际工作中。

案例导入

小王是一家上门居家照护机构的护理员。近日接到工作安排——定期上门照护独自生活的张爷爷。张爷爷 70 岁，近两年身体欠佳，由于子女都在外地工作，便为其请了保姆且申请了定期上门居家照护，希望得到一些照护技术指导和服务。

问题讨论：

1. 小王在拜访张爷爷前应当怎样选择拜访时间？
2. 小王在拜访张爷爷时应当注意什么？
3. 小王在离开张爷爷家时应注意什么？

任务一　上门拜访老人

一、拜访前的准备

无论是事务性拜访、礼节性拜访或是私人拜访，都应当遵循一定的礼仪规范，从进门、落座、交谈到告辞，都有一些约定俗成的做法。

（一）事先邀约

为了避免扑空或者拜访时间不恰当，拜访前应做好邀约工作，这是进行拜访活动的第一原则。一般而言，老人家属申请了定期居家照护后，照护机构会打电话沟通，如果家属在电话中已确定了拜访时间，一定要在登门前再次打电话确定，确定后再按约定时间准时赴约，如有意外不能按时赴约一定要提前告知。如没有事先确定好拜访时间，应与老人及其家属主动联系，联系的内容主要有以下几点。

（1）自报家门（姓名、单位、职务）；

（2）询问老人是否在家，何时有时间；

（3）提出拜访的主要目的；

（4）确定会面时间。

通常情况下，深夜、清晨和用餐时间都不宜上门拜访，节假日也不适宜拜访。

事先邀约时要注意说话的语气，尽量使用请求、友好、商量式的语气，避免要求、强硬的命令式语气。如果老人或家属表示在所选时间另有安排，应主动表示歉意，然后再商讨其他时间进行拜访。

事先邀约时还要注意时间的安排，尽量多方位思考会面时可能会遇见的问题，如会面前的活动、交通状况等，尽可能把时间定宽裕些。一般宜把时间约定在一个范围内，如“我会在今晚六点到六点半间到达”。同时，如果因意外原因不能及时到达，应尽早通知老人及其家属，说明缘由并表达歉意。无故迟到或

失约都是不礼貌的行为。

（二）知识准备和物品准备

拜访前应根据前期老人及其家属提供的信息制订详细的拜访计划，做好全方位的准备，避免拜访时因准备不充分而留下不好的印象。具体准备内容如下：

1. 知识准备

(1) 老年照护相关专业基础知识；

(2) 老人的情况、特点，照护的需求及相关技术知识；

(3) 自己所在养老服务机构的相关设施、资历和服务项目等；

(4) 养老服务工作中积累的相关知识和经验。

2. 物品准备

(1) 记录工具，如笔记本、笔；

(2) 计时用品，如手表；

(3) 相关物品，如纸巾、相关技术指导工具；

(4) 适宜的小礼品。

送老人什么礼品好

馈赠礼品是为了让对方高兴，增进情感，那么有哪些礼品适合送给老人呢？

(1) 生活实用类，如保暖内衣、睡袍、绒制睡衣、睡袜、羊毛围巾、手套、家居拖鞋、浴袍、电暖器等；

(2) 方便安全类，如杂志、图书、自动翻书器等；

(3) 情趣嗜好类，如花束、盆栽、水族箱和鱼类、收音机等。

3. 仪表准备

服装：简洁大方，不宜过于随意和暴露。

发型：女士头发较长时，应扎发或盘发，避免头发遮挡视线或沾染他人物品；男士头发应前不覆额、后不触领、侧不掩耳。

饰品：饰品不宜过多，尤其不宜戴戒指，以免影响工作。

女士可化淡妆以示尊敬，但不可浓妆艳抹；男士嘴上不留胡须，注意口腔清洁，避免口腔异味。

二、拜访中的礼仪

（一）准时赴约

准时赴约是拜访的基本礼节，是对对方的尊重。一旦约定会面的具体时

间，作为拜访者就应当准时赴约，一般情况下，不要随意变动会面时间，以免影响老人及其家属的其他安排，也不要迟到或者早到，更不要无故失约，准时到达才最为得体。如果因意外迟到，应及时告知并表达歉意。如因故不能履约，应事先通知老人及其家属并且委婉说明缘由，恳请理解和原谅。

（二）敲门礼仪

若老人家里装有门铃，按门铃时不要按太久。若无门铃，敲门时要注意不能太用力，节奏不宜急促。可用食指关节敲门，力度和速度适中，间隔有序地敲三下，然后等待回应。如无回应，可稍微加强力度再敲三下，如得到回应，需侧身隐于右门框一侧，等待主人开门。待门开后再向前跨半步，与主人相对。当门开着或虚掩时，也需要敲门以表示自己的来访，等到有人回应或者出来迎接再进去，切记不可私自进入，这样是极其不礼貌的。

小贴士

如何文明地敲门

1. 最有绅士风度的做法是敲三下，隔一小会儿，再敲几下。敲门的节奏不宜太快，更不要连续、重力地敲个没完。响度要适中，太轻了别人听不见，太响了别人会反感。

2. 若是拜访住单元楼房的人家，在敲门的同时，呼喊一下被访者的名字更好。

3. 当敲过几次门而没人来开时，应想到被访者家中可能无人，就不要继续再敲。

4. 如果遇到敲错门的情况，应马上礼貌地向对方道歉，说声“对不起”，切忌一声不吭，毫无表示地扭头就走。

（三）进门后礼仪

上门拜访时如带有礼品或者随身物品，如雨伞、雨衣等，应放到主人指定的地方，不要乱扔、乱放，进门前应主动换鞋。进门后，主动向老人问好，如老人家中有其他客人，应点头微笑示礼。如果老人或其家属与你握手，应等对方主动伸出手后再伸手呼应。

待主人安排或指定位置后方可坐下，主人不坐，自己不可先坐，注意先让老人入座。主人示意坐下后，要表达自己的感谢。在老人家中要时刻注意自己的仪容仪表和行为举止，站有站相、坐有坐相，落落大方。坐姿要端正，双腿靠拢。坐下时双手可放在膝盖上方，小腿在座位下面轻轻交叉，以减缓疲劳，坐下时动作要轻。应保持坐相雅观，切勿跷二郎腿、双手抱膝、东倒西歪，更不能随意坐

在主人家的床上。若主人递上东西，如烟或茶，应从座位上起身，身体前倾双手接过，并表示谢意。主人如果端出果品或零食，应等待年长者或其他客人先动手后，自己再动手食用。

(四) 交谈礼仪

与老人及其家属交谈时要态度诚恳、言语和善，并与之进行眼神交流，坐姿要端庄，谈吐要文雅。不要夸夸其谈，不要随意评论老人家里的物件，也不要对老人家里的人员评头论足，更不要谈及老人的伤心事。交谈时要用心倾听，不轻易插话或打断，注意观察老人的情绪变化。

交谈时应注意的问题如下：

(1) 限定谈话内容。到老人家中拜访的主要目的是进行居家护理的介绍和指导，与老人及其家属建立良好关系，从而获得信任，所以交谈时的主题应围绕老人的需要和护理的内容，不能偏题。当家属介绍老人的情况时要仔细倾听并做好相应的记录，如老人的性格特征、兴趣爱好、生活习惯、健康状况及其护理要求等，必要时可对这些情况进行询问。当老人及其家属进行居家养老咨询时，应耐心仔细、简单明了地一一回答，同时也可进行相关服务的介绍和指导。切记不要长篇大论。必要时，为了调节气氛、缓解尴尬，拉近与老人及其家属之间的距离，可以说点轻松愉快的内容，但在大方向上不能跑题，不能顾此失彼，因小失大。

(2) 限定活动空间。进入老人家中后，不要随意走动，主要的活动范围以客厅为主。未经主人允许，不要进入老人家的书房、卧室等，不要乱动老人家中的物品。尊重老人的兴趣爱好、生活态度、生活习惯等。尽可能去了解老人、欣赏老人所喜爱的事物。

(3) 限定拜访对象。对老人进行拜访，那么主要的交往对象就是老人，不要与其他人过多攀谈，以免影响开展工作。

(4) 限定拜访时间。在老人家无所事事地消磨时光是不礼貌的，也是不受欢迎的。拜访老人，要事先和老人及其家属商讨好拜访的目的和谈话的内容，以免浪费双方时间和精力，任务完成后，要及时告辞。

(5) 语言的适当性。拜访前，应全面了解老人的受教育程度和现有的理解力，选择合适的语言来表达。语言要简洁明了、清晰温和，措辞准确，符合伦理道德原则，语调要适中。在交代护理工作时要简单明了，通俗易懂。

(6) 语言的情感性。护理人员应当热情对待老人，要将自己的爱心、同情心和真诚帮助的情感体现在言语中。

(7) 语言的保密性。在交谈时要懂得避讳，把握好交谈的主题，对老人不愿意提及的内容不要多问，对老人的隐私，如精神疾病、生理缺陷等要保密。

(五) 告辞礼仪

拜访时必须讲究善始善终，告退有方，当离开老人家时，要注意以下告辞礼仪。

一要适时告辞。适时告辞分为以下几种情况：一是指按照约定好的时间，准时走；二是指如果并未约定离开时间，在拜访目的已达到或谈话基本结束时，就不要再多做停留；三是指如若老人家中突然有事，如突然要离开或有新的客人到达，最好先行告辞，如果还有要事没有谈完，可下次再约时间。

二要向在场所有人告别。不仅见面时要和在场所有人打招呼，离开时也要向他们一一告别。临别时，要用“打扰了”“麻烦了”“影响您休息了”等话语表示尊敬和感谢。

三要说走就走，不做过多逗留。辞行时要果断，不要告辞之后还迟迟不走，这样是不礼貌的。当老人或其家属送至门口时，应主动与其握手道别或挥手道别。

小贴士

挥手道别

挥手道别是人际交往中的常规手势，采用这一手势的正确做法是：

1. 身体站直，不要摇晃和走动；
2. 目视对方，不要东张西望，眼看别处；
3. 挥动右手，也可双手并用，不要只用左手挥动；
4. 手臂尽力向上前伸，不要伸得太低或过分弯曲；
5. 掌心向外，指尖朝上，手臂左右挥动；
6. 用双手道别时，两手同时由外侧向内侧挥动，不要上下摇动或举而不动。

任务二 接待老人及其家属

一、接待工作的基本礼仪

接待的服务水平直接影响老人及其家属对老年服务机构的满意度，接待工作的基本礼仪如下。

（一）保持得体的笑容和仪态

负责接待工作的人员在接待时应保持微笑，以恰当的姿态、礼貌的语言、热情的态度快速、规范地接待每一位咨询的老人及其家属。

（二）从礼仪的角度观察前来咨询的老人及其家属的特点

接待前来咨询的老人及其家属时，应通过观察他们的衣着打扮、言行举止等初步了解判断他们的特点，再根据其心理和需求做有针对性的介绍。

（三）适当运用沟通技巧

适当运用沟通技巧，待人彬彬有礼，做到“谦恭”“殷勤”“善解人意”，掌握说

话的艺术，解其所惑，避其所忌。

二、接待过程礼仪

（一）接待前的准备

1. 做好个人卫生

负责接待的工作人员应提前做好个人卫生，保持仪容仪表整洁大方。

2. 室内卫生准备

老年服务机构的卫生非常重要，一定要做到干净整洁，地上没有灰尘，墙上没有污渍，房间内空气流畅。这会给前来咨询的老人及其家属留下良好印象。

3. 户外环境准备

户外周边的卫生也很重要。周边大环境决定了居住环境的空气、生态等。一般，老人及其家属也会参观户外周边环境，如果周边环境不干净会给人留下不好的印象。

4. 相关物品准备

接待老人及其家属时，一些物品不可或缺，如茶叶、热水、水杯、笔、纸等以及老年服务机构的基本情况介绍资料、宣传资料等。这些接待物品工作人员应提前准备好。

（二）接待中的礼仪

1. 电话接待

如果是接待老人及其家属的电话咨询，应注意以下几点礼仪。

（1）电话铃响，马上拿起电话，首先自报家门，然后询问对方的来电意图。

（2）左手接通电话，右手准备好笔和电话记录本，记录电话内容。

（3）电话接待要求：必须使用“您”“请讲”“请问”“谢谢”等礼貌用语。接待咨询时应先了解咨询者身份信息，然后根据咨询者提供的基本信息，向其介绍可能需要的护理等级。也可邀请咨询者来参观，进行实地考察，并向咨询者详细介绍机构规模、养老服务产品和设施设备等情况；如果有入住意向，负责接待的工作人员可填写“入住咨询登记表”，详细记录有关信息，并主动告知咨询者上班时间，欢迎、期待咨询者实地参观。声音要亲切自然，充满表现力。说话时面带微笑，全神贯注。微笑和认真的声音可以通过电话传递给咨询者，使其感受到真实愉悦。

（4）电话内容讲完，应等咨询者结束谈话后以“再见”为结束语。待咨询者放下话筒之后再轻轻放下，以示对对方的尊敬。

2. 现场接待

若老人及其家属前来现场咨询，应注意以下几点礼仪：

（1）态度热情。

负责接待的工作人员应先给老人及其家属指引一个座位、倒一杯水，让其坐下来休息。然后让老人及其家属简单介绍一下老人的基本情况和需要的基

本服务，对老人有大致了解后，再针对他们的需求，详细介绍以下情况：护理区域的划分、老人护理的内容、护理流程、从业护理人员的技能情况、后勤保障和医疗配置情况等，使他们了解本机构有一支具备爱心、有一定护理知识和经验、懂得老人心理的护理团队，同时有护理工作的标准和流程以及护理质量控制的手段，等等。

（2）主动带领实地参观。

参观的内容包括室内外环境以及各种设施设备和安全措施等，可一边参观一边介绍本机构从业的医护、医技人员执业资格以及对待老人的态度，从事老年医疗工作的经验等。若老人有意愿入住，负责接待的工作人员应先请家属填写相应表格。经评估，符合入住要求的，负责接待的工作人员可与其约定办理入住手续的时间及入住时应带的证件和可带的物品。

（3）送别有礼。

送别老人及其家属时，一定要等对方起身后再起身；要热情礼貌地送别老人及其家属，根据情况运用“慢走”“走好”“再见”“欢迎再来”“常联系”等礼貌用语；至少要将老人及其家属送到电梯口、大门口等位置，让老人及其家属感受到接待工作的认真；送别老人及其家属后返回时，如果需要关门，应随手将门轻轻关上，不要发出声响。

三、与老人及其家属交流时的注意事项

（1）负责接待的工作人员的用语要简洁、专业、自信、积极、流利，并注意停顿。

（2）在工作中要善于控制情绪，学会艺术地拒绝不合理的要求。

（3）接待时要以积极的心态、热情的声音感染前来咨询的老人及其家属；语速不可太快或过慢，也不能擅自打断他们的话；语气要不卑不亢；语调不能太高；音量不能太大。

任务三 日常照料

老年人因为其生理和心理的特点，生活规律和状态与其他人群不同。而不同的老年人又有着自身的生活作息规律和生活习惯。作为生活照料人员，工作的核心和重点就是在了解老年人身心特点的情况下，依据服务对象的人群特征和个体特征为他们提供相对应的服务。老年服务从业人员的服务水平不仅体现在丰富的专业知识和过硬的专业技能上，其在服务过程中所展现出的让老年人觉得身心愉悦的周到细致的服务也是重要的组成部分，是让老人接纳和信赖服务人员的重要因素。而这种周到细致是通过践行老年服务中的照料礼仪实现的。

一、饮食照料

针对饮食照料，需要注意的礼仪要点有以下三个方面：

（一）引导性对话方式

老年人因为生理机能的衰退，饮食上与年轻人略有区别。再加上每个老年人都有自身独特的饮食偏好和习惯，对老年人进行饮食照料要先了解服务对象的口味特点和饮食禁忌。在了解老年人的饮食特点时，有个常用的方法，那就是“问”，但是怎么问呢？大多数人都会问“您喜欢吃什么？”但是很多人说不清楚自己喜欢吃什么或是想吃什么。我们向老年人询问的时候应该问封闭型问题，也就是给选项。这样，老年人自然会在选项中做选择，几次下来，他的口味偏好就了解得差不多了。

（二）互动性服务方式

对于大多数老年人来说，他们喜欢熟悉的人和熟悉的环境。不喜欢被过度关注，也不喜欢有人对他们视而不见。因此，无论是多专业的服务人员，也切忌表现得把控十足。在为老年人进行饮食照料的过程中，要随时和他们保持沟通。许多生活尚能自理的老年人不能接纳专业人员的饮食照料，很大程度上是觉得对方“公事公办”。所以，服务人员进行饮食照料时要像“家里人”一样自然、互动、平和，这样做不仅自己感受放松，老年人也会感觉舒服。

（三）积极回应方式

老年人对于自己不接纳的人会表现得疏离客气，但对于自己接纳的人就会表现得主动亲近。接受照料的老年人，时常会把照顾自己的服务人员当成自己的家人和孩子来看待。因此，服务人员应积极回应老年人表现出来的亲近和热情。在饮食照料上，如果服务人员把老年人当作是需要自己照料的父母，那老年人自然能感受到亲近和温暖，无论照料是否真的完全满足其需求，其身心满足是不言而喻的。

对于生活不能完全自理的老人，他们的饮食照料除需要细心细致之外，还需要服务人员用温和的语言和亲近的身体动作表现对其的耐心和关爱，这些比食物本身更重要。

二、睡眠照料

想做好睡眠照料，首先要了解老年人的睡眠特点。老年人的睡眠特点如下。

（1）睡眠时间缩短。60～80岁的健康老年人，就寝时间平均为7.5～8小时，但睡眠时间平均为6～6.5小时。

（2）夜间易觉醒，睡眠中短时间觉醒的次数增加，且易受内外因素的干扰，睡眠变得断断续续，年龄越大，睡眠越浅。

（3）老年人容易早醒，睡眠趋向早睡早起。

为此，在为老年人提供睡眠照料时，服务礼仪上要注意以下三点。

（一）表达理解

其实老年人入睡前，如果有其他人在场，他们会感到略微不安。一是因为老年人入睡条件比较高，二是他们会担心自己早睡和易醒会影响他人。所以，这时服务人员要做的就是平和而有技巧地表达让老年人安心睡，自己会在身边照顾，而且不用担心会影响自己的睡眠。服务人员的状态和表现越平和自然，老年人就会越放松，也会更容易安心入睡。

（二）夜间回应及时

老年人很少一觉睡到天明，他们在半夜起身时，会关注身边人的位置和状态。许多老年人会在夜间表达自己的需要或关心。无论是哪一种，服务人员都应当及时给予回应。许多时候一句简单的“我在，安心睡吧，有事叫我”会让老年人感受安全放松，很快再次入睡。

（三）天亮现身问好

在知晓老年人醒了的时候，服务人员应当尽快出现在其面前，向他（她）问早。这会让老年人感受身边随时有人关心照顾，在安全感和获得感中开启新的一天。

三、清洁工作

（一）身体清洁

生活不能自理的老年人，很简单的刷牙、洗脸、洗手、洗脚、洗头发、洗澡，等等，都需要别人的帮助，这也是养老护理员日常工作的一部分。做好老年人的身体清洁，使老年人保持清洁，不仅改善老年人的心情，让老年人精神焕发，而且有利于控制一些情况。如：及时更衣洗澡，保持皮肤清洁，可减少皮肤感染；做好外阴卫生工作，可减少尿路感染等。需要注意的是，要在清洁过程中表现得自然并且和老年人适度对话，这样会让老年人放松和配合，感受自己被爱护。

（二）环境清洁

老年人对自己居住的空间有着很强的掌控欲。他们有着自己的物品摆放习惯和储物习惯。因此，服务人员在进行环境清洁时，一定要区分哪些区域和物品是老年人格外关注和在意的，哪些区域和物品是老年人不愿他人挪移和触碰的。如果不能确定，一定要经过询问后再动手，最大限度地尊重老年人对自己居住空间的绝对自主权。这样，也可以增加老年人的安全感和受尊重感。

四、日间活动照料

老年服务人员为服务对象提供的日间活动照料主要有以下两种。

1. 生活完全自理的老人的外出陪同

服务人员需要确保老人的安全。那么礼仪要点就是尊重老人的想法和需求。但是对于可能有的安全问题和其他问题要及时予以提醒。

2. 生活不能完全自理的老人的户外活动照料

带着生活不能完全自理的老人进行户外活动时应关注以下两方面。

(1) 有互动。

户外活动就是为了扩展老人的生活空间，让他（她）接触外界的环境和人。在确保老人安全的前提下，服务人员不能只立于一旁什么也不做，而应适当地与老人进行沟通。无论老人是否能清楚地进行语言表达，服务人员都应当说说天气、说说环境、说说身边人、说说新变化，让老人的身心开阔起来。

(2) 随时关注。

带生活不能完全自理的老人进行户外活动时要随时关注老人的情况，若有身体不适或是疲惫的情况应及时应对。在这种发现与应对中，非语言的交流很重要。时不时地眼神接触，看似不经意的肢体轻抚都能让服务对象更放心更安全，也能够帮助服务人员及时发现异常，及时应对。

模块七

老年人心理健康服务礼仪

学习目标

1. 理解老年人心理健康服务的内涵。
2. 了解老年人心理健康服务的主要形式。
3. 能识别老年人的心理特征和问题表现。
4. 掌握老年人心理健康服务的规范与原则。
5. 能恰当运用心理健康服务中的礼仪规范。
6. 能有效运用心理健康服务的技巧。

任务一　老年人心理健康服务的内涵与意义

案例导入

王阿姨最近情绪低落，其独生女在北京读完博士后，找到了一份不错的工作，就决定留在北京不回来了。王阿姨其实很想女儿回到身边工作，有机会多陪陪自己，可是又不能说服女儿改变主意。她只得向自己的爱人念叨，其爱人被念叨得烦了，也不理她了。

后来王阿姨就常觉得身体不对劲，老是胸闷气短，遇事容易心跳加速，晚上也经常失眠，睡不着，感觉特别难受。她跑了好几家医院，都没检查出身体有什么问题，可是这种症状仍在持续。

问题讨论：

医院检查王阿姨的身体没有明显问题，可是她为什么出现了一系列不舒服的症状呢？

当人们有严重的精神压力时，身体和头脑之间有个机制会把压力转移到身体上，这一现象我们称之为躯体化。最常见的是找不到原因的疼痛，如偏头痛、痛经、胃肠疼痛、胸痛等。

王阿姨由于女儿选择在外地工作的原因导致身体的不舒服状态，也就是躯体化状况，“心病还需心药医”，针对她当前面临的烦恼开展心理调适是比较适合的手段，这就离不开老年人心理健康服务。随着社会对心理健康的日益重视，心理健康服务也成为老年人服务的一项重要内容。下面，我们就来详细了解老年人心理健康服务的内涵与意义。

一、心理健康的内涵与标准

大家都知道身体健康的重要性以及维护身体健康的方式，但身体健康只是健康的一个方面，健康的另一个重要组成部分——心理健康，大家却知之甚少，并容易忽视它的重要性。

那么，什么是心理健康呢？一般说来，心理健康的人都能够善待自己，善待他人，适应环境，情绪正常，人格和谐。心理健康的人并非没有痛苦和烦恼，而是他们能适时地从痛苦和烦恼中解脱出来，积极地寻求改变不利现状的新途径。他们能够深切领悟人生冲突的严峻性和不可回避性，也能深刻体察人性的善恶。他们是那些能够自由、适度地表达、展现自己个性的人，并且能和环境和谐地相处。他们善于不断地学习，利用各种资源，不断地充实自己。他们也会享受美好人生，同时也明白知足常乐的道理。他们不会钻牛角尖，而是善于从不同角度看待问题。

关于心理健康的标准，国内外专家学者们依据不同的理论提出了不同的见

解。美国心理学家马斯洛和米特尔曼提出的心理健康的十条标准，公认为是“最经典的标准”。

（1）充分的安全感。

（2）充分了解自己，并对自己的能力作适当的评估。

（3）生活的目标切合实际。

（4）与现实的环境保持接触。

（5）能保持人格的完整与和谐。

（6）具有从经验中学习的能力。

（7）能保持良好的人际关系。

（8）能适度表达与控制情绪。

（9）能在不违背社会规范的条件下，适当满足个人的基本需要。

（10）能在遵守集体要求的前提下，较好地发挥自己的个性。

二、老年人心理健康服务的内涵

进入老年，人们不仅面临着社会角色的变化和生理功能的衰退，心理状态也会随之发生变化。老年人的心理，会呈现失落感、孤独感、焦虑感、无能感、缺乏安全感以及对生命丧失的恐惧感等种种负面特征。伴随老年人心理健康问题的日益突出，对老年服务从业人员的专业素养也提出了更高的要求。如何针对老年人不同的心理需求，帮助其进行心理调适，最终做好老年人的心理健康服务，已成为一个亟待重视和解决的问题。

老年人心理健康服务，是指面向老年人群体，以维护其心理健康为主要目标的服务，包括心理健康知识宣传普及、心理咨询与辅导、心理评估与治疗、心理危机干预等。其中，从事心理健康知识宣传普及、心理咨询与辅导的服务人员主要是心理咨询师或具有相应专业知识和技能的社会工作者，而心理评估与治疗、心理危机干预等则需专业的心理治疗师、精神科医师等来完成。

三、老年人心理健康服务的形式

常见的老年人心理健康服务，主要包括以下形式。

（一）创设良好的心理健康服务环境

社区或者老年服务机构应当为老年人提供安静、舒适的心理健康服务环境，比如安静、温馨的心理咨询环境，舒服、干净的老年团体心理辅导环境。良好的环境本身对于老年人身心的健康都是有帮助的，同时也更有利于老年人的精神恢复和身心愉悦。

（二）开展专门的心理健康知识宣传普及活动

相对于身体健康知识而言，我国大多数老年人对心理健康知识还知之甚少，可以通过多种方式开展心理健康知识宣传普及活动。比如开设关于老年人心理健康方面的讲座，针对老年人心理特征、常见的心理问题以及如何保持健

康心理、如何觉察自己的心理状况、老年人的心理保健常识、大众为何对心理健康服务有偏见和排斥等主题进行宣传普及，还可通过心理影片赏析，以及将心理健康知识穿插在社区游园活动中等方式进行心理健康知识宣传普及。此外，还可以制作宣传老年人心理健康知识的宣传栏、知识小册子等。针对有些老年人喜欢读书看报的特征，社区或者老年服务机构可印刷老年人心理健康知识以及自我心理调适、心理保健的知识小册子，让老年人能够通过阅读，了解和认识心理健康知识，加强老年人关注心理健康的意识，引导其接纳心理健康的理念。

（三）进行专业的老年人心理咨询与辅导

老年服务机构可为老年人开设心理咨询与辅导服务，针对心理状态欠佳或者出现心理问题的老年人，通过专业性的心理咨询与辅导，使他们走出心理阴影。比如，针对老年人的丧偶适应问题、老年人的空巢适应问题、老年人的离退休适应问题等开展心理咨询与辅导，帮助老年人度过适应期，重新回归健康生活。

（四）开展个性化的老年人心理危机干预

个性化的老年人心理危机干预主要针对处在心理危机时期心理问题严重的老年人或者有自杀倾向的老年人。有些心理极端固执的老年人，还可能做出极端之事，如自伤、伤人或自杀。老年服务机构在心理健康服务中，要善于发现这些危险信号，提供有针对性的心理危机干预，及时对老年人进行开导与排遣，打开其心结，帮助他们重新适应生活。

（五）开展多样化的老年人团体心理活动

针对老年人防备心强，不愿接受心理疏导的普遍状况，为了既能增加老年人对心理健康服务理念的接纳程度，又能缓解老年人的压抑、孤独、失落等心理问题，可以通过团体心理活动的形式，让老年人在不知不觉中宣泄情绪，打开心扉。比如，可通过开展心理剧、音乐治疗小组等心理体验式活动，让老年人在活动中体察自己的心理变化，进行自我发现和觉察。比如，针对老年人普遍热爱戏剧和小品的特征，可把现实中子女关系、邻里关系、婆媳关系、退休适应、老有所为等心理教育问题改编成戏剧或者小品的形式，让他们排演，使其获得宣泄和领悟的途径。

四、老年人的主要心理特征与心理需求

要做好老年人的心理健康服务，首先要了解老年人的心理特征与心理需求。这样才能有的放矢地采取适合老年人的方式和技术开展服务。

（一）老年人常见的心理特征

1. 孤独和失落感

孤独和失落感是老年群体相当普遍的心理特征之一。老年人在面临生活

方式、生活环境、社会地位改变时，很难快速适应，内心常常觉得孤独、失落。比如，刚离开工作岗位的离退休人员，生活重心改变，社会角色也都发生了变化，出现闷闷不乐、不知所措的现象。还有刚刚丧偶的老人，习惯了和老伴儿在一起相互扶持的生活状态，突然一个人生活，备感孤独。此外，很多老年人年轻时在工作单位上意气风发，叱咤风云，可进入老年后，身体上、精力上等各方面都在走下坡路，力不从心，很容易感受到失落。

2. 焦虑和恐惧感

老年人的焦虑和恐惧情绪也是不安全感的体现。人到老年，随着生理功能不断衰退，常患各种身体疾病，随着熟悉的同龄人相继离世，他们更加担心自己的身体，对身体变化比较敏感，害怕被疾病折磨，思虑较多，觉得生命无常。有些老年人则担心子女不赡养自己，焦虑自己以后的生活没有保障，尤其是丧偶的老年人。

3. 固执与刻板

老年人随着认知能力的下降，通常不容易接受环境的改变和新的事物，思想上变得固执，行为上趋于刻板。尤其是很多患病的老年人，变得注意力狭窄、固执，坚持自己的治疗理念，拒绝接受更安全、更新颖的治疗方案。

4. 价值感丧失

随着生理机能的衰退，社会关系的逐渐减弱，许多老年人觉得自身的价值在逐渐丧失。很多老年人因此陷入"怀旧情绪"，试图从往日的辉煌中找回自我存在的价值。

(二) 老年人常见的心理问题

老年人常见的心理问题，主要体现在以下几个方面。

1. 认知功能障碍

老年人随着年龄的增长，生理机能的衰退，认知能力的下降，可能会出现思维不清晰、阿尔茨海默病等认知方面的障碍。

2. 抑郁、焦虑等情绪障碍

在各类老年人心理问题中，特别需要指出的是老年抑郁、焦虑等情绪障碍，这是一种常见且具有危险的心理疾病。随着人口老龄化的加速，老年人情绪障碍的发病率有上升的趋势。

3. 离退休适应障碍

离退休后，老年人面对生活方式的改变、社会角色的转变和生活重心的转移，如果没有足够的心理准备，就会产生失落、焦虑、孤独、恐惧、失眠、兴趣丧失等症状。

4. 丧偶适应问题

老年人随着身体的衰老、生活方式的改变，更加需要精神的慰藉，丧失伴侣会让不少老年人产生抑郁、不能适应等方面的心理问题。

5. 对患病的不安和对死亡的恐惧问题

很多老年人在罹患身体疾病之后，面临很大的压力，既有经济方面的，也有心理方面的，情绪变得消极被动，注意力全放在疾病上。持续的焦虑、担忧，加

上对死亡的未知、恐惧，会使其产生愤怒、抑郁甚至绝望的情绪。

6. 疑病问题

老年人过度关注自身的健康问题，总是怀疑自己得了某种身体疾病，甚至在医院就诊后仍然不能消除疑虑，表现出焦虑、痛苦、不安、恐惧等症状。

（三）老年人的心理需求

想要打开老年人心灵的房门，与老年人进行良好的交流、沟通，就要了解老年人内在的心理需求。老年人的心理需求主要表现在以下几个方面。

1. 渴望尊重的需求

老年人风风雨雨地走过漫长的人生之路，有着丰富的社会经历和人生经验，可是，离开了原有的工作岗位，如果得不到尊重，就会产生悲观情绪，为疾病埋下祸根。因此，老年人渴望获得尊重，尤其是晚辈的尊重。另外，老年人有自己的生活方式、固有的思维习惯和自行选择的权利，在通常情况下都希望这些能受到晚辈的尊重。老年人子女或老年服务从业人员，不仅要让老年人生活得舒服，也应该让老年人活得有尊严，受到应有的尊重。

2. 依赖的需求

老年人在离退休之前，有着各种社会关系网络，可以从工作的群体、朋友圈子中获得归属和依赖。离退休之后，离开了原来的圈子，社交也明显减少，老年人心里很不安，因此更需要家人和老年服务从业人员给予关心，让老年人从家庭的温暖港湾中获得依赖，获得爱，获得归属，或者从养老机构等老年生活场所中获得依赖和归属。

3. 情感陪伴的需求

老年人的子女以及老年服务从业人员不仅应该关注老年人身体方面的需求，同时也应该关注老年人情感方面的需要。很多老年人离退休后，脱离了以前社会交往的圈子，渴望能够与人交流，获得情感的陪伴。子女和老年服务从业人员应该花时间多陪其聊天，多认真倾听他们的想法。另外，对于丧偶的老年人，需要考虑其重觅伴侣的需求。

4. 实现自我价值的需求

工作是实现自我价值的重要途径，老年人离退休后，随着生活方式和生活重心的改变，工作中原有的价值感、满足感、荣誉感、成就感逐渐丧失，社会价值感也随之下降。老年人从社会财富的创造者转变为社会财富的享受者，对社会和家庭的无用感增强，因而有着强烈的实现自我价值的需求。所以，如何让他们从老年生活中获得价值感和成就感，如何帮他们培养新的兴趣，是子女和老年服务从业人员应了解的事项。

五、老年人心理健康服务的意义

随着我国人口老龄化进程的加快，如何提高广大老年人的生活质量和生命质量，已逐步引起全社会的重视。

人到老年，生理、心理、生活环境和人际关系等都会发生许多变化，随之会

带来许多新的问题，比如衰老感、失落感、怀旧感等，往往使老年人心理状态失去平衡，影响身心健康。在某种情况下，老年人的生理特征和心理特征很可能使其陷入恶性循环，生理上的衰退在一定程度上容易引起心理上的情绪消沉、情绪不稳定、抑郁，而这种消极的心理特征又反过来加速生理上的衰退。现代医学科学证明，心理健康和生理健康有着密切关系，若心理不健康，就会严重影响生活质量，最终必然影响甚至损害生理健康。人们无法控制生命的长度，但能决定生命的宽度；无法左右天气，但能调整自己的心情；无法操纵他人的想法，但能掌控自己的情绪。可见心理健康调适对个人生命质量的重要性。而对每位老年人而言，心理健康是每位老年人安度晚年、健康长寿的重要条件之一。

老年人的心理健康，不仅是老年人自身以及老年人的家属和亲友应关注的，也是老年服务从业人员应关注的。老年服务从业人员关注服务对象的心理健康，有助于其更好地、有针对性地和老年人打交道。老年人由于身体阶段的特殊性，更容易出现各类心理问题。有些老年人罹患身体疾病时，就会出现各种负面情绪，可能会过度担心、焦虑、恐惧，极大地影响老年人的心理健康；有些老年人受家庭因素影响，尤其是空巢老人，子女常年不在身边，常觉得孤独苦闷，没有安全感；有些老年人在退休之前，扮演着重要的社会角色，可一旦退休回到家里，生活方式发生改变，使其产生失落无用之感，进而对其心理产生负面的影响。

身体的衰老是阻止不了的，但心理衰老的步伐是可以减缓的。所以，对老年人心理健康的关注和服务也日渐成为为老年人服务的一项重要内容，老年人心理健康与否不仅关系老年人的心情愉悦度、主观幸福感、生活满意度，也影响老年人的身体健康。通过普及心理健康知识，让老年人了解心理与生理变化的关系及规律，当心理活动出现衰退、偏差、异常、障碍时可以及时进行自我调节、纠正，或求助专业人士。

任务二　老年人心理健康服务的礼仪规范与原则

案例导入

年过七旬的张爷爷最近遇上了烦恼事。前段时间，他的一名老战友突发肝癌住院。他在探望时目睹了战友患病的痛苦。结果没过几天，战友不幸去世。老战友的去世，让他既悲伤又恐惧。自此，他就出现了紧张、失眠的症状，还经常感到肚子疼痛。恐慌不已的张爷爷认为自己也患了肝癌。于是他多次前往医院检查，但均被告之未患任何疾病。张爷爷却不信，仍然情绪低沉，总是郁闷不乐，吃不好饭，睡不好觉。

问题讨论：

1. 张爷爷的现状反映了他有什么样的心理问题，原因是什么？

2. 如何对张爷爷开展心理健康服务呢？

一、老年人心理健康服务的礼仪规范

除了丰富的心理学知识与高超的咨询技能，良好的礼仪规范也是心理健康服务的重要组成部分。在这里，我们着重介绍与老年人群体接触密切的老年人心理健康知识宣传普及、心理咨询与心理辅导工作中的礼仪规范。

（一）保持良好的外在形象

心理健康服务人员的着装应该符合自己的年龄段，保持整洁、干净、得体，不可过于暴露。在妆容方面，不宜浓妆艳抹。最好不要披头散发，以免给人不洁和凌乱感。另外也不要佩戴过多的首饰，以免干扰咨询。

（二）举止得体、表情自然

举止表情是传递信息的途径之一，是对语言信息的补充。心理健康服务人员在为老年人做心理健康服务时，表情要平和，既不可刻板严肃，也不要喜笑颜开；眼神要真诚自然，不要东张西望、游离不定，当然，也不能一直盯着对方看，这会使老年人感觉不自在。另外，心理健康服务人员要注意身体动作，比如身体微微前倾，这样可体现心理健康服务人员对老年人的尊重；还要注意双方的空间距离，以一米左右为宜，因为适当的社交距离可以维护心理上的独立、隐私、安全感的需要；心理咨询时双方就座的角度最好呈直角或者钝角，避免太多的目光接触带来的压力。

二、老年人心理健康服务的原则

（一）接待原则

1. 用语礼貌

礼貌的接待用语不仅给老年人留下良好的第一印象，同时，也能够让老年人放下强烈的心理防御，减轻对心理健康服务的不安和猜疑，为后续顺利开展心理健康服务创造良好的氛围。

2. 简要说明心理健康服务的帮助范围

简要说明心理健康服务的帮助范围，比如什么是心理健康服务，心理健康服务能做什么、不能做什么。让老年人理解给他们提供的是心理学范围内的帮助和支持，不能提供超越心理学的帮助，比如物质层面的帮助，法律层面的帮助等。

3. 申明保密原则

心理健康服务人员在接待老年人时，应先申明心理健康服务中非常重要的原则：保密性原则以及保密例外的情况。让老年人了解心理健康服务的保密原则，放下紧张、不安，放松地接受心理健康服务，不仅是心理健康服务人员的职业道德所在，也是应有的职业礼仪。让老年人了解到，他们的个人信息，包括在

心理健康服务过程中所袒露的内容，以及双方的互动过程，都是有权得到心理健康服务人员的保密的。没有得到老年人的允许，心理健康服务人员不得将心理健康服务的信息透露给别人。只有在老年人同意的情况下，才能对心理健康服务的过程录音或者录像，将其用在专业案例讨论或者研讨学习时，需要将重要个人信息隐去。

4. 阐明知情同意原则

向老年人阐明心理健康服务知情同意原则，签订知情同意书，既是尊重老年人，又是能够顺利开展心理健康服务的重要保障。通过知情同意书，老年人能了解双方的权利和义务、服务的时间、费用、服务遵循的原则等信息。

5. 说明时间限定原则

心理健康服务有一定的时间限制，一般规定每次五十分钟左右（初次接待时可以适当延长），原则上不能随意延长心理健康服务的时间或间隔。

（二）正式服务原则

1. 保持尊重和真诚的态度

（1）尊重的态度不仅是双方信任关系的基础，也是推动心理健康服务进行的重要因素。尊重的态度让老年人觉得自己是受尊重的，满足了老年人对尊重的心理需求，一定程度上减轻了老年人的心理顾虑。同时，也给老年人创造了一个相对安全、能够自我表达的氛围，促使老年人敞开心扉，说出自己的故事。

（2）真诚的态度是心理健康服务中的重要礼仪，关系到双方的关系和心理健康服务的效果。它要求心理健康服务人员以“真实的我”“诚恳的我”，怀着真诚的心，不伪装，不把自己隐藏在角色背后，不戴着“权威面具”来对待老年人。

2. 接纳原则

带着不批判的中立态度来接纳各种各样的老年人，是老年人心理健康服务的重要礼仪。无论老年人是因为怎样的心理问题而来，无论老年人的心理问题是多么的难以启齿或者违背道德伦理，无论老年人有着什么样的经济能力和地位，无论老年人有着什么样的外貌，心理健康服务人员都要真诚地接纳，不能歧视他们。对老年人的问题、文化水平、地位等不进行价值、道德、对错的评判，不把自己的价值判断强加到心理健康服务中。保持中立的、不批判的接纳原则对待前来寻求帮助的老年人，比如有位老人因为孩子们不同意其再婚前来求助，这时，心理健康服务人员不能把自己对再婚的看法强加给老人，而应用真诚的态度接纳老人，去理解老人的心情和处境。

3. 语言表达规范清楚

规范清楚的语言表达、温和悦耳的语调、平和的语速是心理健康服务中的良好职业规范的体现。语言表达、语气、语调是情感交流和沟通的重要因素，尤其是服务老年群体时，悦耳的声音、温和的语气，让老年人能够在心理健康服务中获得舒适感、放松感；同时，规范清楚的表达能够让老年人准确理解心理健康

服务人员的意思，使服务更加顺利。心理健康服务人员应尽量多举例子，少空谈道理；多使用通俗易懂的语言，少使用生涩的专业术语。

三、老年人心理健康服务的注意事项

(一) 坚持健康老龄化理念

健康老龄化不仅包括身体健康，还包括心理健康。老年人的有些疾病其实是身心疾病，是一组发生发展与心理社会因素密切相关，但以躯体症状表现为主的疾病。通过心理健康知识的普及，可以让老年人们认识到不仅能通过服用药物或营养品、锻炼身体等促进身体健康，也能通过心理保健促进身体健康。因此，在老年人心理健康服务中，针对大部分老年人对身体健康较为关注，而对心理健康知之甚少的情况，可以在宣传时将心理保健与身体保健有机结合，以促进老年人对心理健康重要性的认识，设计一些有益老年人身心的活动，比如肌肉放松、冥想训练、手指操等，并鼓励老年人参加，达到促进老年人身心健康的一举两得的效果，实现健康老龄化。

(二) 坚持积极老龄化理念

积极老龄化是指老年人按照自己的需求、愿望和能力参与经济、文化、精神和公民事务的过程，是老年人提高生活质量、获得健康、参与社会活动的过程。其中，参与是积极老龄化的核心，目的在于促进老年人与社会的融合。即不仅要老有所养，还要老有所学、老有所乐、老有所为。因此，在服务过程中，不能把老年人一味看成是无力的、需要照顾的对象，可以鼓励有余力的、有意愿的老年人，结合自身的特长和兴趣爱好，参与社会建设、发挥余热、提升自我价值感，在社会参与中提升心理健康水平，实现积极老龄化。比如，鼓励有舞蹈特长的老年人担任老年广场舞活动的兼职指导老师，邀请有书法特长的退休教师义务教授社区儿童书法等。

(三) 把握老年人心理健康服务的五个“心”

1. 爱心

对来访的老年人表现出充分的尊重与爱护，并对其处境表现出真诚的理解与关注。

2. 耐心

在心理健康服务中，对待老年人一定要有耐心，不急躁，慢慢来。

3. 诚心

在老年人面前要真实诚恳地展现自我，不矫揉造作、不装腔作势、不摆架子，要将心比心地理解他们的处境。同时，不做自己能力和职权范围以外的事，对自己不能做到的事情也不要轻易承诺。

4. 虚心

老年人有着丰富的人生经历，在心理健康服务中，心理健康服务人员不

仅要充分尊重、接纳老年人，更要用虚心的态度帮老年人厘清所遇到的问题，以及问题背后的情绪。

5. 细心

心理健康服务人员在服务过程中不但要留意老年人的语言信息，而且对其非语言信息也要细心察觉，关注服务过程中的每一个细节，做好服务。

(四) 做好安全工作

由于服务对象的特殊性，保障老年人的安全是老年人心理健康服务的重中之重。如果没有做好安全工作，良好的心理健康服务将无从实现。在老年人心理健康服务中，要重点从以下方面做好安全工作。

1. 保障老年人人身安全

老年人的感知觉、反应速度等生理机能都有所下降，一旦摔倒或受强烈刺激等容易出现生命危险或者脑卒中等情况，所以在心理健康服务中首先要保障老年人人身安全，主要包括：场地安全，场地应方便老年人出行，配有防滑设施等；时间安全，尽量不在老年人吃饭、午休时安排心理健康服务，针对老年人易疲惫的特点，活动时间也不宜过长，一般以一小时左右为宜；天气安全，不宜在过于恶劣的天气下开展服务。

2. 保障服务过程安全

心理健康服务过程要充分考虑老年人的身心特点，保证整个服务过程的安全，做好常见危机预防和应急预案。如果是开展专业型心理保健小组活动，一定要在招募环节严格筛选参与对象。专业型心理保健小组活动的组织者需要对参与活动的老年人的基本生理和心理情况有所掌握，对身心条件暂时不适宜参加该类小组活动的报名者要耐心解释，合理拒绝，以免在活动中造成无法弥补的伤害。在活动内容设计上，要考虑老年人的身心特点，避免冲击性过大的活动，不宜设置"信任背摔"等有风险性的游戏或过于复杂的游戏。活动时间不宜过长，通常以一小时左右为宜。在活动用品准备上，通常需要配备靠椅、纸巾、温开水、一次性纸杯等，用于及时安抚和舒缓老人情绪。活动组织者的心理健康服务技术与经验应过硬，能及时应对各种情况，保证心理健康服务安全有效地进行。

3. 保障老年人信息安全

在心理健康服务中通常会涉及参与者的个人身份信息以及隐私，特别是在专业型小组活动以及个体服务中，参与者可能会分享一些平时不愿启齿的事情和感受，这些都需要组织者遵守老年人心理健康服务原则，做好保密工作，未经参与者允许，不能向外透露参与者个人信息和隐私，在对外宣传报道时也应当注意将重要个人信息隐去。

任务三　老年人心理健康服务的技巧

案例导入

李阿姨，65岁，退休教师，老伴儿很早就去世了，李阿姨为了抚养好自己的独生女，一直没有考虑再婚。女儿工作成家后，李阿姨独自居住，与同一小区的何叔叔交往越来越密切。何叔叔这两年一直在追求她，尽管李阿姨也觉得何叔叔不错，但是女儿并不赞同母亲再婚。李阿姨为此感到焦虑、矛盾，晚上还经常失眠。社区工作人员小王得知了这个情况，邀请李阿姨来到社区心理健康服务中心，对她进行心理疏导。

以下是小王和李阿姨的对话片段：

小王：李阿姨，您好！您有什么心理问题就请说吧，我是心理健康服务方面的老手了，您看墙上挂的都是我的证书，您放心吧，我会帮助您的！

李阿姨：嗯，谢谢小王！可是我觉得我没有心理问题，就是心情不好。况且，我也不想让别人知道。

小王：心情不好就是有心理问题，您应该说出来让我帮您解决。

……

没过几分钟，李阿姨就逃也似的离开了心理健康服务中心。

问题讨论：

1. 李阿姨为什么会离开？
2. 小王应该以什么样的态度给李阿姨进行心理疏导呢？

有效开展老年人心理健康服务，心理健康服务人员除了要有丰富的心理学知识及技能，还要掌握一定的服务技巧。

一、建立良好互动关系的技巧

要想让老年人打开心灵之门，心理健康服务人员首先要和老年人建立良好的互动关系。只有有了稳定的关系基础，才能更好地对老年人实施心理影响。在构建良好互动关系方面，心理健康服务人员可使用以下几个方面的技巧。

（一）无条件接纳和积极关注

无论寻求服务的老年人的品质、情感和行为如何，心理健康服务人员均不应对其加以价值评判，应以开放性的姿态接纳对方，尽量给老年人营造安全、受尊重、温暖的心理氛围，并对其言行的积极方面给予及时关注，让老年人觉得自己是一个独立、有价值的个体，拥有改变自己的内在动力。无条件接纳和积极关注不仅有利于建立良好的沟通关系，同时也有利于增强心理健康服务的效果。

（二）有效倾听

倾听是心理健康服务的一项重要基本功，倾听不仅是心理健康服务理念的体现、心理健康服务技能的展示，更是和老年人建立良好沟通关系的基础。倾听时要认真，有兴趣，设身处地地听，并适当地表示理解，不带偏见，不进行价值评判。可以通过语言和非语言的方式回应老年人的倾诉，比如，“噢”“是的”“然后呢”，以及点头配合目光的注视、微笑等，鼓励老年人把倾诉进行下去。在倾听中，不要急于下结论，干扰转移老年人的话题，避免询问过多、概述过多和不适当的情感反应。有效倾听不仅表达了对老年人的尊重，同时也给老年人创造了一种安全、宽松、信任和受关注的氛围，积极鼓励他们说出自己的困惑，宣泄情绪，便于心理健康服务人员发现问题。

（三）共情

共情也是心理健康服务中建立良好互动关系的技巧之一。共情不是同情，同情是把老年人放在弱者的位置，自己高高在上地去帮助对方；而共情是设身处地地站在老年人的立场上，感受老年人的内心世界。作为一种态度，它表现为对老年人的关切、接受、理解和尊重；作为一种能力，它表现为能充分理解老年人的心事，并把这种理解以关切、温暖与尊重的方式表达出来。

（四）真诚

真诚是以“真正的我”出现，而不是扮演角色或例行公事。需要注意的是，真诚不等于说实话，老年心理健康服务中表达真诚应遵循一个基本原则，即对老年人负责任，有助于帮助老年人解决问题。真诚不是自我发泄，可能老年人的情绪与心理健康服务人员相似，勾起了服务人员的感慨，如果服务人员一直在谈论自己的事情，发泄自己的情感，而忘记了帮助老年人，这会影响老年人对服务人员的印象。真诚应实事求是并且适度，并不是越多真诚越好，太多的真诚反而会让有些老年人受不了。

二、提高服务效果的技巧

为老年人提供心理健康服务时，有哪些技巧能够提高服务效果？心理健康服务人员应该如何运用这些技巧实施服务呢？

（一）提问的技巧

心理健康服务的过程，尤其是进行心理疏导的过程，就是如何发问、寻找发问的节点、探索问题、共同解决问题的过程，所以，在老年人心理健康服务中，掌握提问的技巧相当重要。提问是否得当，会影响双方的理解、服务关系、服务的重心以及最终效果。

1．开放式提问和封闭式提问

开放式提问是问题没有预设的答案，无法用一个词或者简单的一句话来回

答，有助于让老年人就有关问题给予详细说明，经常以“是什么原因”“如何”等来发问。比如，“您是因为什么而失眠的呢”“您是如何看待这件事情的”。

而封闭式提问，通常使用“是不是”“对不对”“要不要”“有没有”等词，对方只要用类似“是”或“否”这样的词就可以回答，常用来收集信息并加以条理化、澄清事实、获取重点。

开放式提问有利于掌握对方的情况，体察对方的心理，提问方式也比较多，所以在心理健康服务中运用较多。封闭式提问不宜过多使用，连续的封闭式提问，不仅会让老年人陷入被动，也会让老年人有被审问的压抑感，抑制其表达欲望。

2. 提问的注意事项

提问时还需要注意以下事项。

(1) 尽量不直接问“为什么”，以免老年人觉得是在被“审问”，从而产生逆反心理。可以改换为“谈谈是什么原因”“怎么样”等语言。

(2) 避免连续发问，或者多重提问。比如，“您现在什么感觉，是孤独还是委屈？您的痛苦是因为老伴儿的去世还是退休后一直这样？”这样连续多重发问既让老年人无所适从，又显得心理健康服务人员急躁、没有耐心。

(3) 避免责备性问题。比如，用反问的形式责备对方，“您凭什么觉得是您的儿子不对呢？”这会让老年人感觉不被认同，从而不利于心理健康服务的开展，应该尽量避免。

(4) 运用积极暗示的语言来提问。比如不应问：“您是从什么时候开始，一到人多的地方就不敢讲话呢？”而应问：“您是从什么时候开始，一到人多的地方就不能自如表达呢？”

(二) 具体化

具体化指的是心理健康服务人员帮助老年人清楚、准确地表达他们的观点以及他们所经历的事情，并弄清楚他们对这些事情的情感体验。老年人由于文化背景、受教育程度、逻辑分析能力等不同，很多情况下，他们关于问题的表达是混乱的，不确定的，过度概括、抽象的，所以需要心理健康服务人员运用具体化技巧，帮助老年人厘清真正的问题和原因，让他们领悟事实的本来面目。

(三) 自我暴露

自我暴露也叫自我开放或者自我表露，是指心理健康服务人员诚恳地拿出自己的感受、情感、体验、经历跟老年人分享。适当的自我暴露不仅能促进双方形成稳定、信任的互动关系，还能让老年人觉得自己的困惑有人分担，觉得心理健康服务人员也是有血有肉的普通人，同时也给老年人树立了打开心扉的榜样。

自我暴露有以下两种形式。

(1) 向老年人表明自己在当下的心理健康服务中的一些体验、感受和情绪；

(2) 为了让老年人理解当前的问题而告诉对方自己人生中与此有关的体

验、经历和体会。值得注意的是，自我暴露不是为了抒发自己的情绪、谈论自己，而是借助自己的开放让老年人有更多的思考和探索，重点始终是围绕老年人的。

（四）重复和鼓励

直接重复老年人的话或仅以某些词语，如“还有吗”“请继续”来强化老年人叙述的内容并鼓励其继续表达下去。重复和鼓励可通过对老年人所述内容的某一点、某一方面的关注，引导老年人进一步深入倾诉某一方面的内容。

（五）内容反应与情感反应

内容反应是将老年人的主要言谈、想法加以综合整理，再反馈给老年人。即心理健康服务人员用自己的语言把老年人的实质性内容表达出来。这有利于老年人再次剖析自己的困扰，重新组合那些零散的事件和关系，深化对事情的理解。

情感反应是针对老年人现在的情感，捕捉瞬间的感受，特别是令其困扰的矛盾情绪，给予突破。情感反应与内容反应相似但又不同，内容反应着重言谈内容和事件的反馈，而情感反应主要反应老年人的情绪。如“您说您的朋友欺骗了您”是“内容反应”，而“您似乎对他很气愤”则是“情感反应”。“您的朋友欺骗了您，您为此感到非常气愤，是这样吗？”则是综合了内容反应和情感反应。

（六）非语言行为的理解与把握

正确把握非语言行为的各种含义是心理健康服务人员的基本功，非语言行为往往能提供许多语言不能直接提供的信息。一般情况下，一个人的非语言行为所暴露的信息应该和语言表达的意义是一致的，然而，当两者出现不一致时，需要分析为什么会出现不一致，而其要表达的真实意图是什么？是有意识隐藏还是无意识暴露？有时正是抓住了这种不一致，才会发现老年人心理问题的根源。

在心理健康服务中，除了语言信息交流外，双方的视线和表情等非语言信息也是交流的重要手段。心理健康服务中，心理健康服务人员不但要重视自身的参与和影响性技巧，也要学会识别和理解老年人的非语言信息。

1. 目光的识别

通过老年人的目光能觉察到自己的话是否被认真听取，是否被理解，被接受。比如，若老年人目光闪躲，不敢正视心理健康服务人员，说明此话题敏感，对方还没有足够的心理准备。

2. 面部表情的识别

人的面部表情集中在五官上，与人的内心体验紧密相连，没有经过刻意的训练，人的喜怒哀乐都会通过面部表情透露出来。比如，尽管老年人表示自己已经释怀了，但是说话时，却不停地皱眉头，则说明事实上并没有完全释怀，还

是有很多情绪需要疏导。

3. 身体动作的识别

老年人身体动作，如手势、坐姿等的变化也是心理健康服务人员应该关注的。比如，当老年人出现坐不稳、膝盖或脚尖有节奏地抖动、不停地转手里的东西、两手互相摩擦、乱摸头发等情况时，说明他可能紧张或烦躁不安；当老年人出现身体紧缩、僵化或双手紧握、不停咽口水等情况时，则说明他可能处在压抑状态。

4. 声音特征的识别

不同的语调、语速传递不同的情感、情绪，心理健康服务人员要学会观察老年人的声音特征。此如，语调低沉、语速慢表明不同意，或正在思考，或谈到了使之痛苦抑郁的部分。再比如，声音清脆、语速适中，表明其内心轻松、舒适。

三、其他技巧

有些老年人有较强的防御心理，对心理健康服务理念排斥或者不理解，所以心理健康服务人员需要用一些特殊的方法打开他们的心扉。

(一) 故事分享

老年人人生阅历丰富，经历过很多人生事件，如果老年人不愿意倾诉，或不知从何说起，则可以让老年人分享印象深刻的故事。这些故事往往是老年人心理变化的拐点，在把内心深处的故事重新回忆和述说的过程中，老年人的压抑的情绪得到了宣泄，内心世界也随之打开。

(二) 运用表达性艺术治疗

表达性艺术治疗是指通过绘画、舞蹈、音乐、园艺劳动等通俗有趣的方式，让老年人融入活动，有助于老年人克服防御心理以及语言等障碍。常用的表达性艺术治疗方式有绘画治疗、音乐治疗、园艺治疗等，老年人心理健康服务人员可根据老年人的心理特点以及场地设备等实际情况，选择合适的表达性艺术治疗方式。

参考文献

[1] 周淑英,化长河.老年服务伦理与礼仪[M].北京:北京师范大学出版社,2015.

[2] 余运英.应用老年心理学[M].北京:中国社会出版社,2012.

[3] 刘慧玲,田奇恒.社区活动开展视域下老年人心理健康水平提升路径[J].中国老年学杂志,2019(14):3571-3576.

[4] 唐凯麟.伦理学[M].北京:高等教育出版社,2001

[5] 王泽应,李永芬.敬老伦理及其建设路径[J].郑州大学学报(哲学社会科学版),2018(05):21-24+158.

[6] 孙英.论躬行——培养个人道德意志的道德修养方法[J].上海师范大学学报(哲学社会科学版),2008(02):24-28+55.

[7] 陈立胜."慎独""自反"与"目光"——儒家修身学中的自我反省向度[J].深圳社会科学,2018(01):71-81+157-158.

[8] 李志强.再谈道德的自律与他律——兼论伦理学理论和道德建设中的若干认识误区[J].湖南科技大学学报(社会科学版),2011(09):38-42.

[9] 王玉德.《孝经》与孝文化研究[M].武汉:崇文书局,2009.

[10] 万本根,陈德述.中华孝道文化[M].成都:巴蜀书社,2001.

[11] 张静.先秦"孝道"的本来面目及其当代价值[J].南昌大学学报(人文社会科学版),2010(05):25-29+87.